U0044171

減齡／減重／大人穿搭

穿衣顯瘦

一分鐘從飄大嬸味變身時尚佳人

服飾戰略造型師

窪田千紘

李瑷祺——譯

沒有必要勉強減肥！體型本來就會隨著年齡而變化

「一上了四十歲，體型就急速開始走樣。」

「即使努力減重，體重還是下不來。」

「生過孩子後，體型、體重都變了，衣服怎麼穿都不好看。」

「過去穿起來好看的衣服，現在都不好看了，真不知道該穿什麼才好。」

「我想對現在的自己更有自信。」

這些都是我經常聽到身邊女性說的話。我想，拿起這本書的讀者之中，應該也有不少人也對自己熟齡後的體型（＝熟女體型）感到不知所措。

這是一個追求多元、多樣的時代，然而我們對美的標準，卻是一如往昔的單調。

「我非得維持住年輕時的體型不可。」

「我必須當一個看不出年齡的美魔女。」

prologue

這些根深蒂固的潛規則，形成一股無形的壓力，沉甸甸地壓在女性的肩頭上，讓成為熟女的女性們活得好累、好辛苦。

但仔細想想，一個人現在的體型非得和年輕時一樣，這種要求根本大有問題。

因為人是一種體型會隨著年齡而改變的生物

某知名內衣廠商，根據其研究指出，女性的年齡增長和體型變化的關係，是有固定規則可循的（下圖）。研究顯示，女性身體在二十幾歲完全發育成成熟女性後，基礎代謝率就會開始下降；在三十八歲前後，體重會開始急速增加。約在四十歲到四十六歲時，會逐漸變成上半身比下半身豐腴的體型。換言之，體型隨著年齡增長而變化，是女性發育成熟的證據，是理所當然的現象。

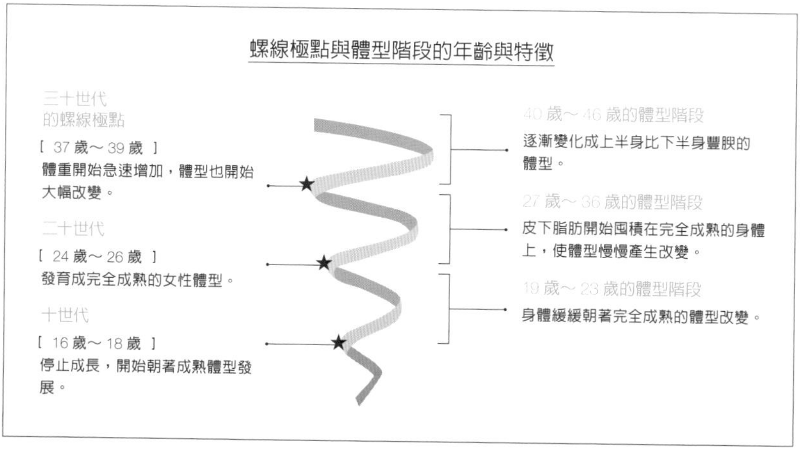
螺線極點與體型階段的年齡與特徵
三十世代
的螺線極點
［ 37 歲～ 39 歲 ］
體重開始急速增加，體型也開始大幅改變。
二十世代
［ 24 歲～ 26 歲 ］
發育成完全成熟的女性體型。
十世代
［ 16 歲～ 18 歲 ］
停止成長，開始朝著成熟體型發展。
40 歲～ 46 歲的體型階段
逐漸變化成上半身比下半身豐腴的體型。
27 歲～ 36 歲的體型階段
皮下脂肪開始囤積在完全成熟的身體上，使體型慢慢產生改變。
19 歲～ 23 歲的體型階段
身體緩緩朝著完全成熟的體型改變。

資料提供　華歌爾

所以我們可以大聲地說：

沒有必要勉強減肥！

熟女女性和年輕時不同，擁有恰到好處的豐腴度，反而能散發出幸福女人的嬌媚。而且，我們不必實際瘦下來，光靠穿著方式，就能「顯瘦五公斤」，這種穿衣法則是真實存在的。

Change your life

正因體型改變了 所以想法、做法也該跟著改變

我們平日經營的部落格「STYLE SNAP熟女世代的實穿便服新時尚」（STYLE SNAP大人世代の普段着リアルクローズ），就是一個根據這些真實女性的煩惱，逐步培育起來的小天地。

二〇一三年成立的部落格，至今已邁入第五個年頭。託各位的福，讓這裡逐漸成長茁壯，現已發展成一個月點閱次數高達四百萬、每月有五十萬人造訪的媒體。

Well
Done

「流行時尚的部落客，清一色都是高瘦的紙片美女。就算模仿她們的穿著，大多都不適合自己，但STYLE SNAP上是由真實體型的人來示範，所以十分具有參考價值。」

「年過四十後，忽然發現自己想穿的衣服，和適合自己的衣服不同，好震驚！正當我不知道該怎麼穿衣時，是這個部落格拯救了我。」

「在生孩子、帶孩子和辭去工作後，我就陷入了『與打扮無緣』的狀態。就在此時，這個部落格讓我知道『即使像我這樣的人，也能穿出時尚』。」

「這個部落格所走的路線，是既符合現實又恰到好處的時尚打扮，這一點我很喜歡。」

「部落格的內容既有親和力又幽默風趣。」

以上都是我們實際收到的感想，感謝各位的支持與鼓勵。

熟女們「可以即學即穿的風格」，是由我們（PHOTOSTYLING JAPAN TEAM STYLE SNAP）這一群，既非模特兒，也非特別美豔動人的「平凡女性」來呈現。

我們這群人當然各有各的體型、年齡和個性。

我們想提供的，

既不是「等瘦了再穿就很美的衣服」，

也不是「紐約或巴黎的最新時尚」，

prologue

而是「能讓當下的、真實的妳，展現出美麗窈窕的衣服」。

Plan do see

熟女體型需要的是作戰計畫、實踐和客觀審視

無論是要展開一段旅行，或要埋頭苦讀以取得證照，最初的「計畫」都十分重要。換言之，當我們要進行某件事時，就必須先思考擬定進行過程中的方法、流程。

毫無計畫的話，就算嘴上喊著「去旅行嘍」，走出了大門，恐怕也不知道「該去哪裡？」「該採取什麼交通方式？」等等。

所以，我們第一步需要的，就是教我們如何擊敗熟女體型的「作戰」計畫。

這本書一開始介紹了六項作戰計畫。這六項作戰計畫，都是「任何人都能即學即行」「保證能讓妳顯得窈窕迷人」的教戰守則。

下一步是「實踐」。接下來的篇章中，將分享許多「只須依樣畫葫蘆」照著上面穿，就能讓妳化身時尚佳人的方法。

年齡 55
[160cm]

年齡 47
[160cm]

年齡 43
[170cm]

年齡 51
[168cm]

年齡 50
[164cm]

年齡 49
[158cm]

TEAM style snap Presents

年齡、體型個個不同的STYLE SNAP成員。因為彼此之間能暢所欲言，所以攝影棚內總是歡笑聲不斷。左起分別為吉田、南都、窪田、原田、榎木、森村。

最後一步是「客觀審視」。本書中，在顏色搭配上以黑白灰色調居多，除了「黑」「白」和「灰」以外，也包括「深藍」等顏色。因為在心理學上，這種色調「男女老幼都能接受」的比率最高。這是因為，年輕時我們可以完全根據自己的喜好，覺得印花圖案可愛，就穿印花圖案，覺得自己最愛粉紅色，就穿粉紅色，但成為熟女之後，可就無法如此了。基於這一層考量，我們選擇了能讓所有人留下好印象的顏色組合。

這次，我們讓身高一百六十公分，體重六十三公斤，身為熟女體型代表性人物，大受STYLE SNAP讀者歡迎的行政祕書原田，親自進行服裝造型示範。希望各位能透過她的變身前和變身後，實際感受到「光靠穿搭，真的就能顯瘦五公斤！」

衣服造型一改變
立刻窈窕迷人到判若兩人

作戰計畫即將開始，讓我們來解放妳真實自我的「美麗」。

chapter

1

擊敗熟女體型的6項「作戰」計畫

contents

chapter 2

下裝3件＋上衣4件＋外套1件就能輕鬆顯瘦的熟女體型輪流穿搭

chapter 3

基本款服飾 熟女體型在選擇上的注意點

contents

chapter 4

熟女體型要小心！「萬萬不可」的NG穿搭集

contents

chapter 5

解決熟女體型的常見疑難雜症！變身前和變身後

擔任主要模特兒的是

身高160公分、體重63公斤的熟女體型代表人物

行政祕書**原田**！

比起減重，我更想盡情大啖美食。
穿搭？我只想穿自己喜歡的衣服。
穿起來輕鬆最實在。

原田的簡歷

身高 160 公分，平均體重 63 公斤（在 61 ～ 67 公斤之間來來回回）。總是笑臉迎人，道道地地的關西人。熟女體型的代表人物——行政祕書原田將代替各位讀者，解決各種熟女煩惱。

我想知道的是，如何穿得既輕鬆又漂亮，而不想要那種「拚命把自己弄得很時尚」的感覺。

自從踏入四十後，
我就開始搞不清楚
衣服該如何穿了。
是這個部落格拯救了我。

我依樣畫葫蘆地模仿了部落格上介紹的穿搭，結果真的比平時顯瘦，嚇了我一跳。

這個部落格讓沒自信的我獲得自信。每次瀏覽，都覺得好像在鼓勵我：「不用怕，沒問題的！」

文字上是具有親和力的口語，讓人讀起來毫不費力。

成員之間總是一團和氣，從文章中就能感受到那種愉悅的氛圍，這一點我很喜歡。

Voice from readers

每天都能接到
來自各地熟女的
煩惱與回饋！

簡單明瞭、價格實惠，而且非常實用。

簡單明瞭解說出打扮的重點，對我非常有幫助。

我想知道如何穿出熟女的時尚感。

我很怕冷，希望能教我們一些不露出手腕、腳踝，也能顯瘦修身的穿法。

我最喜歡原田女士的笑容和親和力了。

我想讓自己看起來比實際年齡輕，但又不想讓人覺得我是在裝年輕。

因為不是啓用美豔的紙片人模特兒，而是由真實體型的女性，實際穿著給我們看，所以馬上就能學起來。

有一天瞥見鏡子，發現自己的背影竟是彎腰駝背，把我嚇壞了！

身體線條變得不如以往，現在不管怎麼穿都會擔心：「這樣可以嗎？」

變得圓肩駝背後，年輕時穿的那類T恤，就怎麼穿都不好看了，真令人傷心。我就是喜歡穿著T恤的那種帥氣感啊。

我這2年增加了4公斤。

我很喜歡看原田女士變身前後的文章！

連身裙_ZARA
鞋子_H&M
包包_CHANEL

第1章介紹的「長洋裝作戰」的穿搭範例。長版的襯衫連身裙加上直條紋，是一款顯瘦效果爆棚的單品。走路時翩然搖曳的裙襬，優雅脫俗。

chapter

1

[第1章]

擊敗熟女體型的6項「作戰」計畫

本章將介紹擊敗熟女體型的大前提爲何。沒有任何高難度的技巧。這些「任何人都能即學即用」「保證看起來窈窕迷人」的作戰計畫，是由熟女體型代表人物——行政祕書原田進行示範。吐槽滿點又眞實常見的變身前，與變身後的急劇落差，也是本章的一大看點。

作戰計畫 1

深色收斂作戰

Operation dark color

before

這邊一點這個顏色、那邊一點那個顏色，雜亂紛陳，毫無美感可言！

重點 #01

以黑色或深藍色整合全身上下 就能穿得顯瘦修長

Operation
dark color

after

將標語T恤當作內搭衣，能帶來畫龍點睛的效果。

利用黑色的長罷開襟衫和百褶裙，雙重強調縱直線。

選擇色彩鮮豔的淺口鞋穿出時尚感

上衣_UNIQLO
開襟衫_Deuxième Classe
裙子_'PalinkA
鞋子_Daniella & GEMMA

重點 #02

不在**顏色**上玩花樣 就在**材質上**做變化

Operation
dark color
・方程式・

馬海毛（譯註：Mohair，又稱安哥拉山羊毛）的V領針織衫，既綿軟又帶有恰到好處的光澤感，能營造出熟女的優雅。

選擇寬襬褲，立刻潮味爆棚。

鞋子穿平底的芭蕾舞鞋，展現時尚感。

以格紋的披肩圍巾當作重點裝飾。

成熟大人的丹寧褲，以深色為佳。

用白色鞋子顯出輕盈感。

V領針織衫 ＋ 寬襬褲

披肩圍巾 ＋ 黑色針織衫 ＋ 白色鞋子

上衣_GALLARDAGALANTE／**褲子**_Drawing Numbers

上衣_UNIQLO／**褲子**_UNIQLO／**包包**_Willow Bay／**鞋子**_madras
披肩圍巾_Rakuten

大家可能想像不到，我們每天在STYLE SNAP部落格上介紹的穿搭，有八成以上都是黑色或深藍色的「深色組合」。理由當然是這種顏色才能保證讓熟女體型顯瘦修身。

然而，或許是深色穿搭會令人感到缺少了什麼，許多讀者反應說，最後她們還是會忍不住在色彩或圖案上做變化。不過，請大家務必注意的是，這麼一來會有風險，因為整體印象可能變得不協調。請試著把心一橫，只用深色單品做搭配，這絕對能讓妳看起來苗條又美麗。

我們對一個人產生的第一印象，往往不是來自臉型或身體的單一部分，而是來自全身的整體顏色。請各位務必記住這個大前提，為自己穿出窈窕好身材。

黑色蕾絲的透明感，能讓女人味升級。
拿不定主意時，就用深色互搭。

黑色蕾絲上衣 ＋ 黑色寬襬中長褲

上衣_RAZIEL／**褲子**_DoCLASSE／**包包**_H&M／**鞋子**_H&M

以具有垂墜感的黑色罩衫，展現出成熟大人的優美。
熟女穿的鉛筆裙，就是要裙長過膝。
用黑色褲襪＋灰或黑色淺口鞋，達到顯腿長效果。

黑色寬鬆罩衫 ＋ 粗呢窄裙

上衣_ESTNATION／**裙子**_Plage／**包包**_ZAKKA-BOX／**鞋子**_&Y

作戰計畫 2

長洋裝作戰

operation
long dress

before

mistake
土裡土氣

上下半身分開穿搭，是穿衣打扮的基本要領。
鏘鏘
時下最潮的蕾絲裙。
看到高跟鞋搭配襪子的造型，就知道要叫我時尚通。

雖然衣服鞋子每一件都是經過精心挑選，但搭配起來，給人的印象卻是雜亂無章。

上下半身分開穿搭反而容易出錯？

重點 #01

如長洋裝般以一塊布製成的衣服保證能讓妳窈窕美麗

Operation long dress

after

素面款比圖案款，
更讓人賞心悅目。
襯衫連身裙十分適合用來
製造長洋裝效果
裙襬長度越長，
身材越顯修長。
上衣_UNIQLO
連身洋裝_Rakuten
包包_STELLA McCARTNEY
鞋子_RANDA

重點 #02

長洋裝作戰的裙和褲長度越長越好

operation
long dress
·方程式·

選擇寬鬆的肩帶連身褲（譯註：指吊帶褲、細肩帶連身褲等造型接近吊帶褲的款式），就能穿出美人感。
選擇英式格紋能擺脱孩子氣，穿出成熟大人休閒風。
鞋子可搭配運動鞋或短靴

針織連身洋裝套上就很有型，是穿搭的萬能單品。
配上長靴，就不用擔心鞋子的搭配。
選擇裙長較長的洋裝，穿出造型感。

深色上衣 ＋ 肩帶連身褲

針織連身洋裝 ＋ 長筒靴

上衣_UNIQLO／**肩帶連身褲**_RAZIEL／**鞋子**_CONVERSE

連身洋裝_L' Appartement／**鞋子**_CHARLES & KEITH／**包包**_Kitamura

婚紗及和服可說是保證讓女性顯得美麗嬌豔的代表性服裝。任何女生一穿上，都會立刻變得閃閃動人。

無論婚紗或和服，都是由一塊布料製成，這正是讓女性們顯得美麗嬌豔的原因。服裝只要簡簡單單、上下身統一，就能保證讓女性看起來更加美麗，自然也會博得周遭的讚賞。反之，**「上衣」「下裝」兩段分開穿的話，就會將身體曲線截斷，這種穿法其實很吃虧。**

「長洋裝作戰」無須限於特殊場合，平日也可使用此種穿法，讓自己輕鬆化身時尚佳人。想要輕輕鬆鬆變美麗，只要選擇長度較長的洋裝、連身裙或連身褲即可。

將襯衫連身裙上身的釦子打開，形成V領，就能有顯瘦修身效果。
將整排釦子打開，當成開襟衫來穿，也很合適。

灰色的針織連身洋裝，是一種能穿出各種變化的好物。
以包包或腰帶當作重點裝飾，畫龍點睛。

襯衫連身裙 ＋ 深色下裝

針織連身洋裝 ＋ 長筒靴

連身裙_UNIQLO／**褲子**_UNIQLO／**鞋子**_AmiAmi

連身洋裝_ZARA／**腰帶**_B.C.STOCK／**鞋子**_23區
包包_en récré

作戰計畫 3

單一色穿搭作戰

Operation
one color

before

Nuance color*的上衣，很時尚吧？
很少有人到了四十幾歲，還能駕馭這麼高難度的顏色！
小碎花的圖案太可愛了，讓人忍不住想買。
mistake
孀味十足
Nu、Nu、Nuance color?!
看起來不就是豆沙色嗎？（汗）

譯註：指介在原色和鮮豔色彩之間，很難斷定是屬於哪種顏色的色彩，能呈現出自然而柔和的感覺。

重點 #01

全身單一色 一分鐘品味出線

Operation
one color

after

選穿V領，
修長顯瘦。
全身以白色
互搭，俐落
脫俗。
鞋子和包
包要選擇
收縮色
上衣_UNIQLO
長版針織外套_GAP
褲子_net price
鞋子_FABIO RUSCONI
包包_GAP

重點 #02

不知如何搭配時 以單一色互搭準沒錯

Operation
one color
・方程式・

選穿船領，展現不做作的女人味。

選擇帶有黑色的包包，營造收斂感。

以米色統一上下身，瞬間化身歐美名媛風。

寬襬褲 ＋ 米色互搭

上衣_MANGO／**褲子**_RAZIEL／**鞋子**_ZAKKA-BOX
包包_3.1 Phillip Lim

以深藍色統一上下身，乾淨俐落惹人愛。

長筒靴 ＋ 深藍色互搭

上衣_GU／**裙子**_ANGLOBAL SHOP／**鞋子**_FABIO RUSCONI

「單一色穿搭作戰」是「長洋裝作戰」的應用版，利用的是「上下身統一就能賞心悅目」的心理作用。穿法十分簡單！上衣和下裝的款式可以按照平時的習慣選擇，只要將兩者的顏色統一即可。簡簡單單就能給人絕佳好印象。

事實上，這個法則是誕生自我們部落格的人氣單元「變身前&變身後」的失敗經驗。每當我們要拍變身前的照片時，只要將上下身的顏色統一，就NG不起來，無論怎麼穿，看起來都「挺美的」。因為有過好幾次這樣的失敗（?!）經驗，才歸納出這項法則（笑）。

換言之，如果想要「穿得好看」，那就「統一上下身顏色，以單色進行穿搭」吧。配色上的一個小動作，就能讓妳瞬間告別土味，升級時髦CEO。

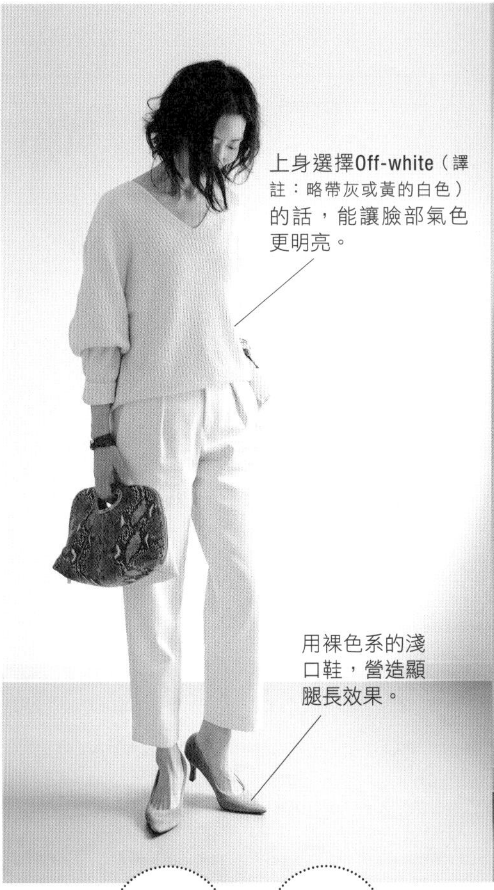

上身選擇Off-white（譯註：略帶灰或黃的白色）的話，能讓臉部氣色更明亮。
用裸色系的淺口鞋，營造顯腿長效果。

上衣選擇帶點霧感的苔綠色，展現成熟大人的沉著感。
馬海毛針織衫帶有若隱若現的光澤感，跟熟女肌膚好好搭。
百褶裙一穿就顯得修長延伸，是顯瘦不敗款。

裸色系淺口鞋 ＋ Off-white互搭

百褶裙 ＋ 綠色互搭

上衣_UNIQLO／**褲子**_STUNNING LURE／**包包**_PELLICO／**鞋子**_AmiAmi

上衣_UNITED ARROWS green label relaxing／**裙子**_ZARA
鞋子_Odette e Odile／**包包**_FERCHI

作戰計畫 4

I字形穿搭作戰

Operation I-line

before

mistake 顯胖
今天走走看適合自己的熟女路線。
裙子是不規則造型，我可是個時髦老江湖。
鞋子是最潮的芭蕾舞鞋。

「上衣」「下裝」「腳部」被切分成三個獨立區塊，整體上顯不出修長感。

重點 #01

將頭到腳塑造成一條細長的長方形

Operation
I-line

after

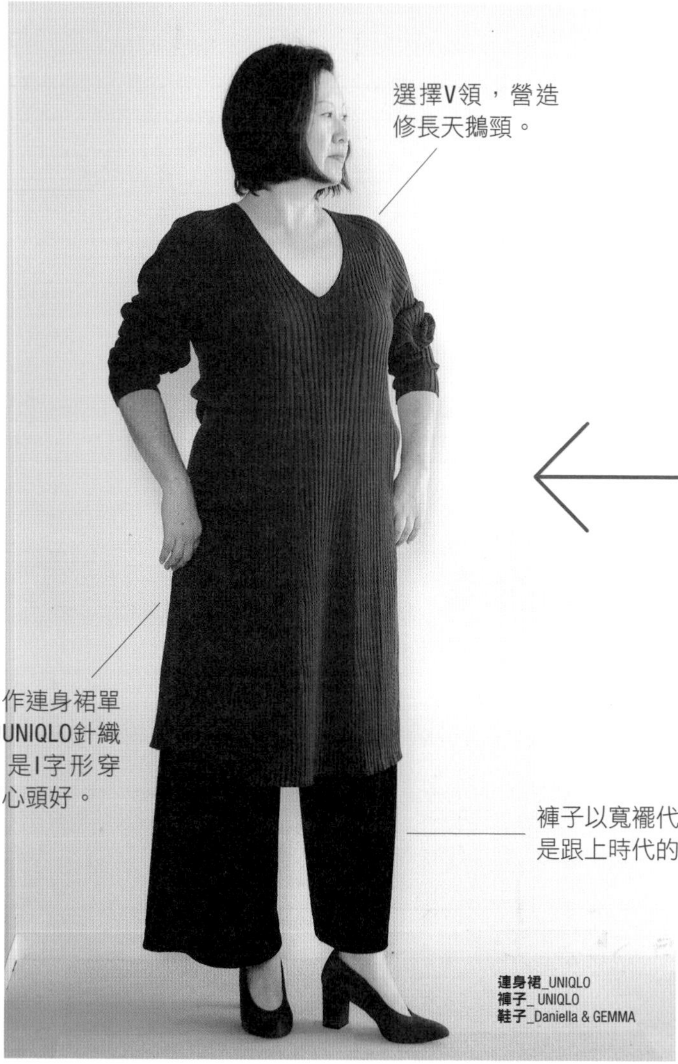

選擇V領，營造修長天鵝頸。

可當作連身裙單穿的UNIQLO針織衫，是I字形穿搭的心頭好。

褲子以寬襬代替緊身，才是跟上時代的潮流咖。

連身裙_UNIQLO
褲子_ UNIQLO
鞋子_Daniella & GEMMA

重點 #02

熟女體型瞬間顯瘦的「I字形」不敗穿搭

Operation
I-line
・方程式・

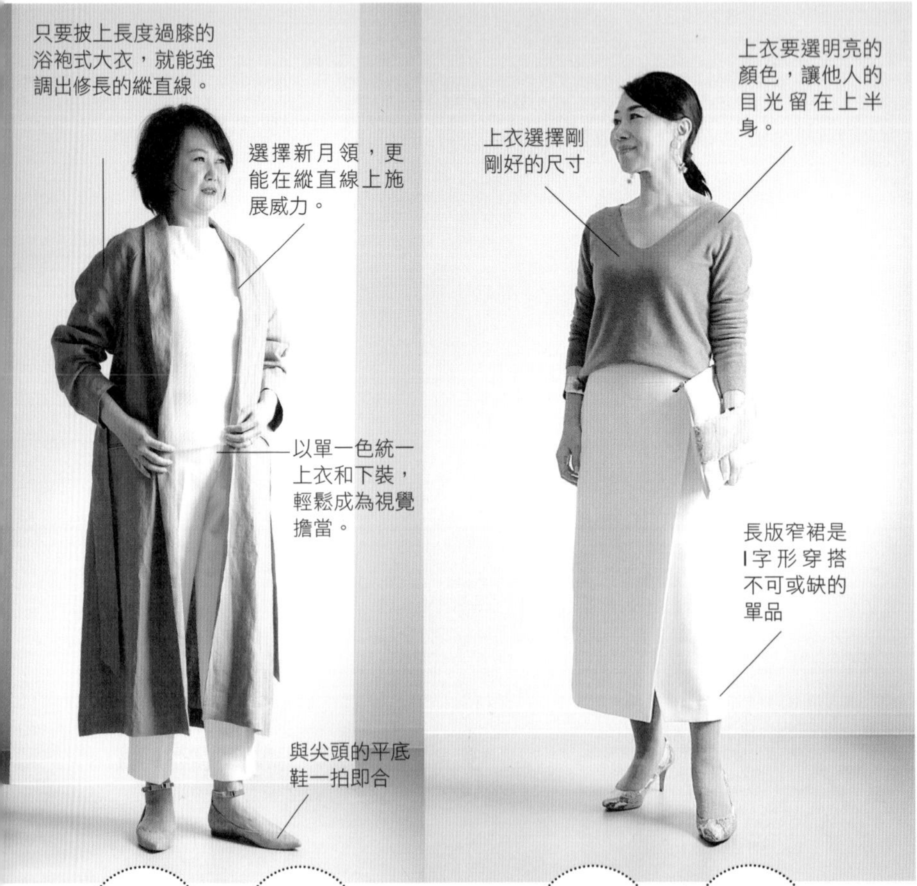
只要披上長度過膝的浴袍式大衣，就能強調出修長的縱直線。
選擇新月領，更能在縱直線上施展威力。
以單一色統一上衣和下裝，輕鬆成為視覺擔當。
與尖頭的平底鞋一拍即合
上衣要選明亮的顏色，讓他人的目光留在上半身。
上衣選擇剛剛好的尺寸
長版窄裙是I字形穿搭不可或缺的單品

浴袍式大衣 ＋ 白色互搭

V領針織衫 ＋ 長版窄裙

外套_OUVRAGE CLASSE／**上衣**_UNIQLO／**褲子**_DoCLASSE
鞋子_ OUVRAGE CLASSE

上衣_' PalinkA／**裙子**_Plage／**包包**_JOURNAL STANDARD／**鞋子**_COLE HAAN

能讓成熟大人展現出美麗輪廓的，非「I字形」莫屬。「I字形」又稱為「H字形」「縱直線」，簡言之，就是要讓整體的身形看起來像「一條直線」即可。

適合用在這項作戰計畫上的服裝款式，包括長版開襟衫、浴袍式大衣、長背心外套等等，**祕訣是選擇能確實展現出縱直線的單品。**只要強調縱直線，全身就會顯瘦修長。

除此之外，最近人氣很旺的鉛筆裙等下裝，搭配上尺寸剛好的上衣，也能輕輕鬆鬆製造出I字形效果。

仔細想想，日本古代的和服，就是一種徹頭徹尾的「I字形」服裝。讓女性顯得窈窕美麗的輪廓形狀，或許從古至今都不曾改變。

針織的套裝是I字形
穿搭的便利寵兒。
即使是平常不穿的
顏色，只要上下身
一致，妳就是穿搭
達人。

套裝 ＋ 長筒靴

套裝_ur's／**鞋子**_SARTORE

高腰褲搭配厚
底鞋，讓雙腳
顯長10公分。

襯衫 ＋ 寬襬褲

上衣_ENFÖLD／**褲子**_ ENFÖLD／**鞋子**_plain people

頸部 V 作戰

Operation
V-neck

before

mistake
常見陋習
長項鍊是
貴婦不可或缺的
配件。
把重點放在
頸部很重要。
鞋子是
注重實穿性的
舒適鞋。

好像阿嬤在穿的高領啊！
脖子像在包粽子，反而
強調出大餅臉⋯⋯（汗）

重點 #01

刻意打造V字形 可適度趕走臉上的暗沉與皺紋

Operation
V-neck

after

垂墜感的罩衫能散發性感氛圍，讓女人味升級。
V領罩衫＋直條紋，顯瘦效果更加倍。
褲子選擇黑色，製造收斂效果。
上衣_ZARA
褲子_Deuxième Classe
鞋子_JIMMY CHOO
包包_PotioR

重點 #02

選擇深V針織衫 讓妳女人味大噴發

Operation V-neck
·方程式·

穿直條紋的V領襯衫，讓上半身曲線顯得玲瓏有致。
只要上半身合身，就能穿出A字裙的窈窕美。
裙長較長時，要選穿具有輕盈感的鞋子。
襯衫只要打開幾顆釦子，就能製造出V領。
前面紮入，能提升修長感與顯腳長效果。

直條紋襯衫 ＋ 深色裙子

白襯衫 ＋ 寬襬褲

上衣_GU／**裙子**_GU／**鞋子**_madras

襯衫_GU／**褲子**_UNIQLO／**鞋子**_Odette e Odile

STYLE SNAP的成員之間，有一個共通的默契，那就是「要不是有V領等露出鎖骨的上衣，我們這些婆媽會很難熬！」

年輕時，隨便一件T恤、運動衫都能穿得好看，但是今非昔比了。頸部只要稍微包得緊一點，立刻顯得臉大、脖子短，缺乏彈性的皮膚也會展露無遺。那麼到底要如何改善？在經過各種嘗試後，我們找到的答案就是V領。只要穿上V領，就能讓臉部印象大幅改善，實在驚人。這是STYLE SNAP在成立初期的發現。當時V領尚未蔚為風潮，我們在摸索上費了一番苦心。但如今已是V領的全盛期，許多品牌都能找到V領上衣，各位姐姐妹妹們沒有理由不好好利用一番。

在襯衫上掛個眼鏡或墨鏡，能讓V領更凸顯。

亞麻襯衫 ＋ 墨鏡

襯衫_GAP／**褲子**_LEVI'S／**鞋子**_GAP

馬海毛材質的針織衫，能自然展現出成熟大人的俏麗。
鎖骨部位造成的反光效果，可為臉部打光。
只要選擇顏色較深的色彩長褲，熟女穿了也不會像在裝年輕。

V領針織衫 ＋ 沉穩色長褲

上衣_The Dayz tokyo／**褲子**_Spick&Span／**包包**_PELLICO
鞋子_AmiAmi

目光向上誘導作戰

作戰計畫 6

operation
accent

before

mistake
誇張過頭
我找到這件彷彿是爲大阪婆媽們而存在的豹紋外套。
配上緊身褲才是王道穿搭。
沾沾自喜
豹紋太吸睛，只會讓人更注意體型。
反而是在強調大艫體型了?!

重點 #01

用披肩圍巾或亮色上衣當作上半身的重點單品

Operation
accent

after

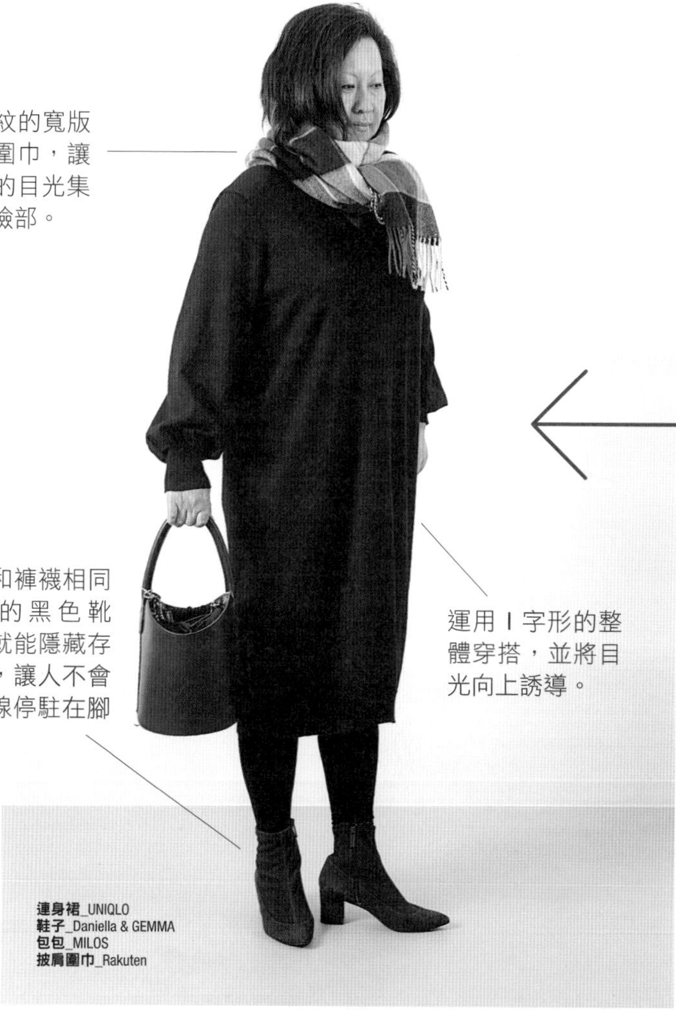

用格紋的寬版披肩圍巾，讓對方的目光集中在臉部。

選擇和褲襪相同顏色的黑色靴子，就能隱藏存在感，讓人不會將視線停駐在腳部。

運用 I 字形的整體穿搭，並將目光向上誘導。

連身裙_UNIQLO
鞋子_Daniella & GEMMA
包包_MILOS
披肩圍巾_Rakuten

重點 #02

經驗豐富的成熟大人 不是靠「體型」而是靠「智慧」取勝

Operation accent
・方程式・

胸部有橫條紋的針織衫，能讓他人的目光焦點向上集中。

統一穿搭的顏色，就能將目光焦點導向橫條紋。

橫條紋針織衫 ＋ 深藍色互搭

上衣_UNIQLO／裙子_GU／鞋子_madras／包包_RAZIEL

將領巾折成三角形，再將兩端繞至頸後打結即可。

以單一色做搭配，能將目光焦點導向領巾。

單一色穿搭能自然形成縱直線，使顯瘦效果加倍。

領巾 ＋ 白色互搭

上衣_UNIQLO／褲子_Spick&Span／鞋子_FABIO RUSCONI
包包_ Deuxième Classe／領巾_精品店

女性的體型會隨著年齡的增長而逐漸下垂，於是全身的輪廓線就會漸漸模糊走鐘……這時候，我們需要的作戰計畫，就是讓對方把目光向上集中，而忽視掉整體輪廓。

做法十分簡單，只要在上半**身的穿搭上，製造吸睛點，讓他人的目光自然移向上半身**。這麼一來，連令人頭痛的「洋梨體型」，都能被對方忽略。代表性的目光誘導方法有三：

①上衣穿著醒目的顏色。

②用絲巾、領巾或圍巾等配件，強調脖子周圍。

③利用帽子、眼鏡等配件，加強他人對臉部的印象。訣竅是服裝造型要簡單，儘量讓別人的注意力集中在被加強的重點上。

白色厚圍巾現代感十足，又能讓目光焦點自然向上集中，是穿搭神器。
為了讓目光焦點停留上半身，而刻意以黑色統一全身。
穿上黃色的襯衫，能使目光焦點聚集於此。
以白色下裝營造輕盈感，讓人賞心悅目。

白色厚圍巾 ＋ 深色互搭

黃色襯衫 ＋ 白色長褲

外套_LEMAIRE／**上衣**_IÉNA／**褲子**_ZARA
鞋子_PELLICO／**包包**_JOURNAL STANDARD／**圍巾**_matti totti

上衣_DoCLASSE／**褲子**_ DoCLASSE／**鞋子**_COLE HAAN

COLUMN

#01

Accessory

遮蓋衰老的肌膚，需要閃亮的配件。毫不猶豫地將這些配件大方穿戴在身上吧。

隨著年齡增長，閃閃發光的珠寶就成了必需品。無論耳環或項鍊，都是能讓老化的肌膚顯得高雅有格調的好物。不必猶豫，儘量將這些配件戴在身上吧。

因為首飾的面積太小而不方便在部落格上介紹，其實我們STYLE SNAP成員們最愛戴的，就是耳環。因為是掛在臉蛋旁，所以只要加上耳環，衣服即使穿得很簡單，也能讓高級感大升級。

其中最好搭的是長鏈款式的耳環。不妨選擇無須防滑扣的耳勾，只要掛上即可，耳朵無負擔，而且搭配任何服裝款式、任何身材風格皆適宜。長鏈是呈縱向直線，所以兼具顯臉小效果。只要戴過一次，就會讓人忍不住想把金銀材質全部購齊。

首飾_IRIS 47

TEAM style snap Presents

上衣_DES PRÉS
褲子_ROPÉ
鞋子_FABIO RUSCONI
包包_FRAY I.D

單穿一件V領的開襟衫，扣上釦子，能讓頸部顯得修長。最高指導原則是，別讓人看到內搭的細肩帶或坦克背心，以展現出完美的V字形線條。

chapter

2

[第2章]

下裝 3 件＋上衣 4 件＋外套 1 件就能輕鬆顯瘦的熟女體型輪流穿搭

本章要介紹的是輕鬆「顯瘦」的輪流穿搭。讓熟女世代容光煥發的亮色上衣、具有顯瘦效果的下裝，以及沉穩的外衣——每一件都是我們精心挑選出的單品，無論怎麼搭配都要妳好看。

以基本三種的下裝爲主的熟女體型輪流穿搭

Tops

讓熟女世代容光煥發的亮色上衣4款

米色的連袖寬襬針織衫

寬襬遮掩小腹、連袖遮蝴蝶袖的優異針織衫。尺寸寬鬆才安心。選擇窄版的下裝，就能修身顯瘦。

深紅色的優雅針織衫

深紅色既華貴又能襯托出好氣色，十分適合熟女。當妳感到穿搭一成不變時，不妨以深紅色的優雅針織衫，作為穿搭上的重點裝飾。

淡藍的簡約針織衫

雖是大眾款的V領針織衫，只要顏色選擇淡藍，就能瞬間貴氣上位。淺色系的穿搭法和白色一樣百搭不膩。淡粉紅、淡灰也都具有相同效果。

露肩的橫條紋針織衫

穿橫條紋的上衣，就無須戴首飾！正裝、休閒皆適宜。露出鎖骨的露肩裝，讓妳更顯女人味。

Outer

兼具端莊與穩重感的外衣

海軍風垂墜風外套

熟女體型的最新基本款——長版風衣。柔軟而有光澤的材質，能讓妳的身體曲線更窈窕。

Bottoms

具有顯瘦效果的下裝3款

bottoms 1

軍綠色的窄裙

長窄版型加上前方開衩，具有美腿效果。軍綠色若在上身，會讓皮膚顯得暗沉，但在下身就能帶出年輕感。

bottoms 2

白色的中長褲

打摺的中長褲，上衣搭什麼都好看。讓人顯得莊重又修身的神褲。

bottoms 3

穩重風的丹寧褲

未經水洗加工的靛藍丹寧褲。因為顏色深，所以既可走休閒風，又能當正裝，相當方便。搭配尖頭鞋，整體更窈窕迷人。

coordinate point 穿搭重點

輪流穿搭的關鍵就在下裝的選擇！

bottoms 1

軍綠色的窄裙

bottoms 2

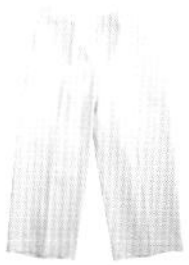

白色的中長褲

bottoms 3

穩重風的丹寧褲

＋

寬鬆的上衣

軍綠色窄裙的
輪流穿搭

bottoms

back style

1

以軍綠色×紅色的組合，跳脫一成不變。

優雅針織衫 ＋ 窄裙

上衣_ZOZO／**裙子**_ FINE／**包包**_PELLICO
鞋子_Daniella & GEMMA／**披肩圍巾**_ZOZO

2

橫條紋&軍綠色是大人休閒風的王道組合。

橫條紋針織衫 ＋ 窄裙

上衣_UNTITLED／**裙子**_ FINE／**包包**_COACH
鞋子_Daniella & GEMMA

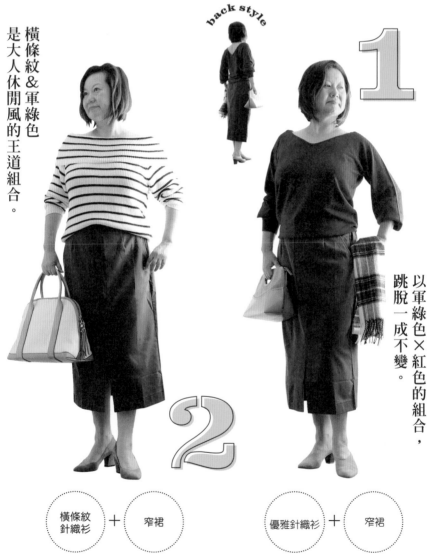

下裝 #01

修飾腿部線條的長窄裙，選擇軍綠色展現出青春洋溢的休閒風

3

寬鬆針織衫只要搭配窄裙，
就有挺拔顯瘦效果。

連袖寬襬針織衫 ＋ 窄裙

上衣_MANGO／**裙子**_ FINE／**包包**_CÉLINE
鞋子_Daniella & GEMMA

4

即使是穿平底鞋，
搭配窄裙
就不怕沒有女人味。

簡約針織衫 ＋ 窄裙

上衣_AZUL BY MOUSSY／**裙子**_ FINE／**包包**_ARTEK
鞋子_madras／**披肩圍巾**_JOURNAL STANDARD

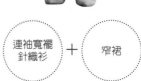

白色中長褲的 輪流穿搭

bottoms

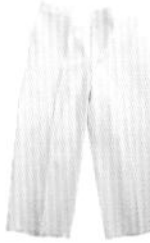

1

用外套製造I字形效果，
修身顯瘦效果絕佳。

垂墜感外套 ＋ 連袖寬襬針織衫 ＋ 白褲

外套_canal deux Luxe／**上衣**_MANGO／**褲子**_FINE
鞋子_COLE HAAN／**包包**_PELLICO

2

強烈對比的配色，
也很適合過年時喜氣洋洋的場合。

優雅針織衫 ＋ 白褲

上衣_ZOZO／**褲子**_ FINE／**披肩圍巾**_BAYFLOW
包包_ Deuxième Classe／**鞋子**_Daniella & GEMMA

下裝 #02

選對能修飾腿部曲線的褲形 即使穿上膨脹色也不怕

back style

3

配上橫條紋，就是成熟水手風。

橫條紋針織衫 ＋ 白褲

上衣_UNTITLED／**褲子**_ FINE／**包包**_CÉLINE
鞋子_Daniella & GEMMA

米色+白色 讓妳化身優雅的歐洲貴夫人。

4

連袖寬襬針織衫 ＋ 白褲

上衣_MANGO／**褲子**_ FINE／**包包**_PELLICO
鞋子_ COLE HAAN

穩重風丹寧褲的
輪流穿搭

丹寧褲搭橫條紋，加上了露肩元素，就能擺脫孩子氣。

1

橫條紋針織衫 ＋ 穩重風丹寧褲

上衣_ UNTITLED／**褲子**_ UNIQLO／**鞋子**_ZARA
包包_ Deuxième Classe／**披肩圍巾**_ZOZO／**腰帶**_3COINS

2

披上披肩，強調縱直線。

簡約針織衫 ＋ 穩重風丹寧褲

上衣_AZUL BY MOUSSY／**褲子**_ UNIQLO／**披肩圍巾**_BAYFLOW
包包_ Deuxième Classe／**鞋子**_JEANASIS

下裝 #03

未洗去顏色的深色丹寧褲 是展現大人成熟穩重感的穿搭必備款

4

重點色的紅色，讓妳容光煥發。

連袖寬襬針織衫 ＋ 穩重風丹寧褲

上衣_MANGO／**褲子**_ UNIQLO／**包包**_ARTEK
鞋子_ZARA／**披肩圍巾**_ZOZO

3

休閒風的丹寧褲只要搭上深色風衣，瞬間優雅不凡。

垂墜感外套 ＋ 優雅針織衫 ＋ 穩重風丹寧褲

外套_ canal deux Luxe／**上衣**_ZOZO／**褲子**_ UNIQLO
包包_ Deuxième Classe／**鞋子**_IÉNA

上衣_ZARA
褲子_HÉLIOPÔLE
包包_PotioR
鞋子_nano・universe

發現一件罕見單品，是附帶圓點領巾的假兩件式罩衫。雖然是基本款的白色搭配深藍色，但圓點圖案成了重點裝飾，穿起來時髦又搶眼。直線摺痕的打摺褲，也具有顯腳長效果。

chapter

3

[第3章]

基本款服飾熟女體型在選擇上的注意點

本章將介紹每個女性衣櫥中都必備的基本款單品。正因天天穿著，所以挑選上的注意點十分重要。此處將依據不同單品，逐一解說如何穿才能穿出熟女體型的美感。只要掌握基本訣竅，就能輕鬆搞定穿搭，平日穿衣沒煩惱。

熟女最新基本款 襯衫

立體的襯衫讓肉肉不外露

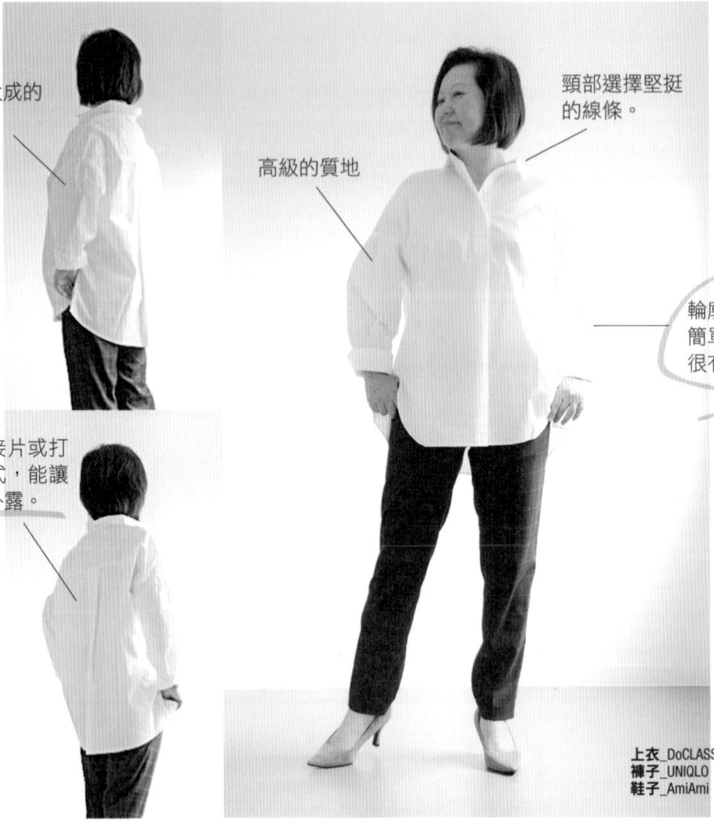
選擇寬大成的尺寸。
背後有接片或打摺的款式，能讓肉感不外露。
高級的質地
頸部選擇堅挺的線條。
輪廓立體，簡單穿上就很有型。
上衣_DoCLASSE
褲子_UNIQLO
鞋子_AmiAmi

對忙碌的成熟大人而言，白襯衫其實是十分高難度的單品，因為一沾上汙漬就很醒目，要燙衣服也很費工夫。但穿起來就是能讓人搶眼有型。不僅能充滿清爽潔淨感，又使人洋溢知性感，絕對讓妳比平時更美麗。

效果如此強大的白襯衫，最近出現了一種「洗好不用燙」的進化版。而且，選擇立體剪裁的款式，就能一穿上立即有型。換言之，不必再參考雜誌上經常介紹「穿衣小技巧」，花心思打理衣服，因此非常適合忙碌的成熟大人。

熟女最新基本款 針織衫

V領針織衫 就是要穿大一號

較寬的V領
鎖骨部位自然形成反光效果，為臉部打光。
加了亮絲等光澤材質，能展現出成熟大人的優雅。
夾克_H&M
上衣_UNIQLO
褲子_UNIQLO
鞋子_Daniella & GEMMA
包包_LOCONDO

適度的寬鬆很重要，讓軀幹能在針織衫中滑動。

適度露出後頸。

應該有不少人隨著年齡增長，越來越感到自己不適合穿圓領。年輕時天天穿的休閒衫、T恤，現在怎麼穿怎麼像「學校運動服」……實在令人唏噓。不過，改穿針織的話，只要領口呈現V字形，無論是一體成型無接縫的款式，還是用針織布裁剪縫製而成的款式，都能讓妳的臉部看起來更美麗。不僅具有顯臉小效果，而且鎖骨部位的反光效果，將光線打在臉上，能使肌膚看起來亮麗有光澤。挑選時的訣竅在於，選擇讓鎖骨部位大幅外露的版型。V領的開口若太窄，無法發揮反光效果，反而會穿成「外科醫生的手術衣」，因此要特別留意。

高領衫一件單穿

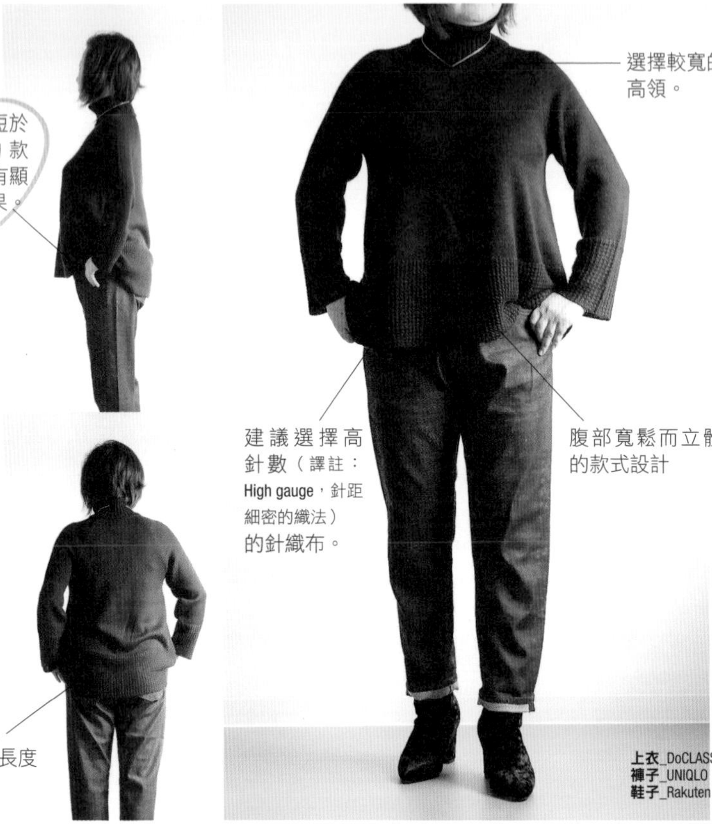
前襬略短於後襬的款式，具有顯腿長效果。
能遮住臀部的長度
建議選擇高針數（譯註：High gauge，針距細密的織法）的針織布。
選擇較寬的高領。
腹部寬鬆而立體的款式設計
上衣_DoCLASSE
褲子_UNIQLO
鞋子_Rakuten

高領衫過去曾是「內搭專用的服裝」。但現在，熟女體型若選擇內搭用的款式，就會強調出肉肉的線條，帶給人大隻女的印象。因此，熟女體型在挑選高領衫時，應選擇不貼著身體曲線，可以單穿的款式。換言之，就是選擇不必再疊穿其他衣服的款式。挑選上的重點有三：

①領口較寬，不貼脖子。

②上等材質。

③具有立體感。

只要符合這三點，就能讓高領衫變成妳愛不釋「身」的單品。

熟女最新基本款 丹寧褲

黑色丹寧褲是遮蓋橢圓形體型的好幫手

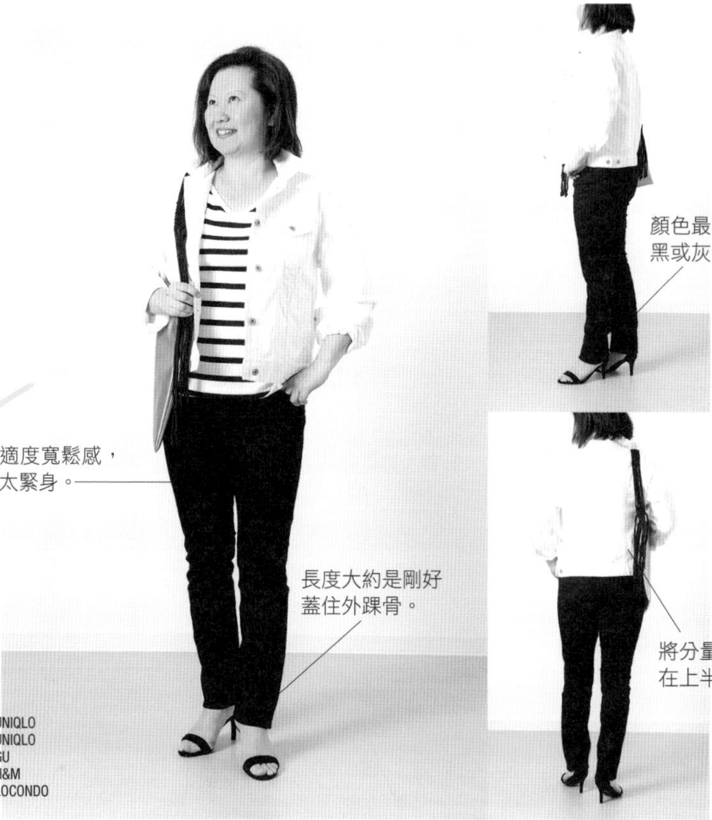
具有適度寬鬆感，
不會太緊身。
長度大約是剛好
蓋住外踝骨。
顏色最好是
黑或灰色。
將分量感放
在上半身。
夾克_UNIQLO
上衣_UNIQLO
褲子_GU
鞋子_H&M
包包_LOCONDO

丹寧褲就是要「養出色落才時髦」——我們熟女都有這種觀念。但請等一等！直接套上色落的丹寧褲，恐怕只會化身成「休閒風大嬸」而已……此時，可以派上用場的就是「黑色丹寧褲」。穿黑色丹寧褲比穿藍色丹寧褲，更能展現下半身的俐落感，同時又具有百搭的優點，不論搭配何種上衣皆適宜。但要注意的就是，必須避免貼得很緊的窄身丹寧褲。請挑選有一點空隙的直筒褲，以及舒適好穿的彈性材質。STYLE SNAP的成員們也都各自擁有兩件深色丹寧褲，例如黑色和灰色等，並頻繁地反覆穿用。

熟女最新基本款 寬襬中長褲

寬襬中長褲 能展現腳的輕盈感

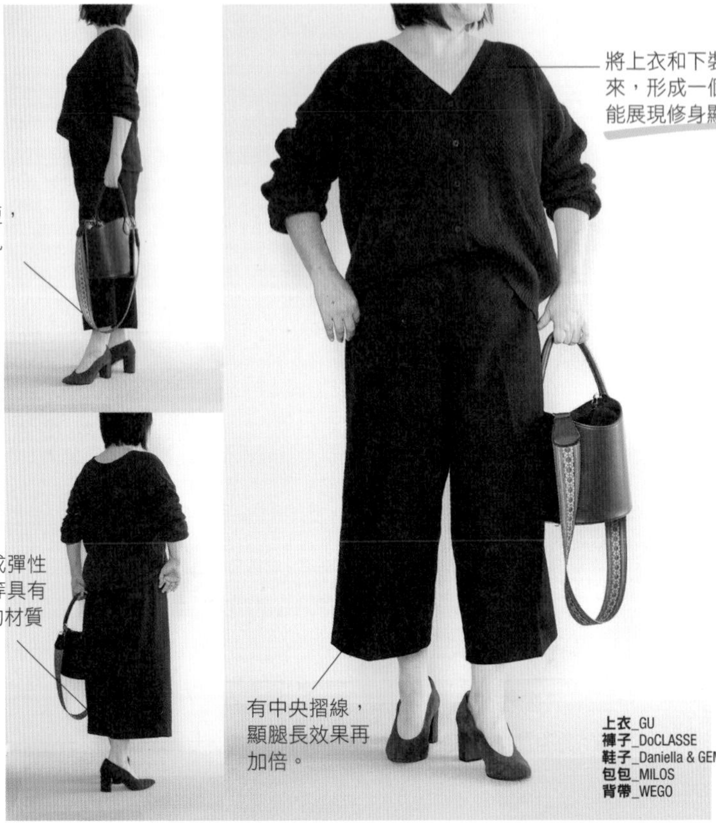
將上衣和下裝搭配起來，形成一個箱形，能展現修身顯瘦感。
褲襬略短，要看得見外踝骨。
針織布或彈性斜紋布等具有伸縮性的材質
有中央摺線，顯腿長效果再加倍。
上衣_GU
褲子_DoCLASSE
鞋子_Daniella & GEMMA
包包_MILOS
背帶_WEGO

寬襬中長褲是秋冬的心頭好。其優點為寬襬一方面能遮掩不想被看到的腿部線條，另一方面又能露出最細的腳踝部位，藉此展現輕盈感。若是寬襬十分褲，則容易顯得笨重，尤其身高不夠高的人更是如此。因此，我們更推薦寬襬中長褲。

挑選時的重點在於，褲管不能太粗，也不能太細。材質儘量選擇不容易起皺褶的聚酯纖維或針織布等。腰部當然是鬆緊帶即可。若褲管上有中央摺線，又能更進一步營造腿長效果。

熟女最新基本款 錐形褲

錐形褲加上直條紋製造雙重顯瘦效果

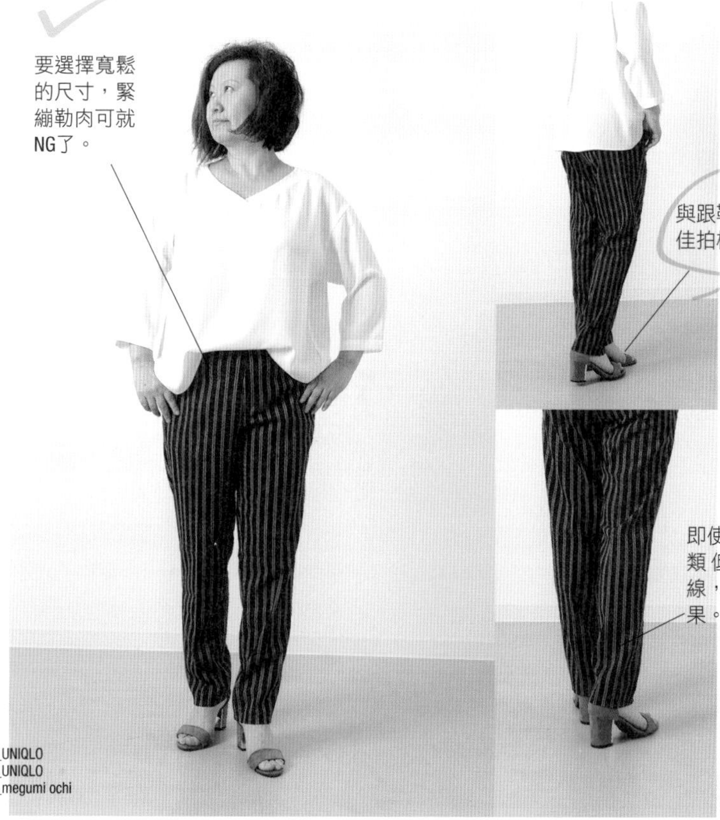
要選擇寬鬆的尺寸，緊繃勒肉可就NG了。
與跟鞋是絕佳拍檔。
即使是細條紋這類低調的縱直線，也有顯瘦效果。

上衣_UNIQLO
褲子_UNIQLO
鞋子_megumi ochi

若是「想把褲裝穿得窈窕美麗」，就非錐形褲莫屬。褲管越往下越細的版型設計，能讓成熟大人的腿更顯姿色。

腰部有打摺的錐形褲，能遮掩不想被看到的臀部和大腿，不過，有些打摺方式，反而會使腹部看起來更顯眼，因此挑選時要特別注意。請務必先試穿過再購買。搭配上寬大版型的針織衫或襯衫，既穩重又休閒，還能顯瘦修身。

若款式設計上，同時有中央摺線，又是直條紋圖案的話，更能讓美腿效果升級再加倍。

熟女最新基本款 長窄裙

長窄裙長度 越長越優雅

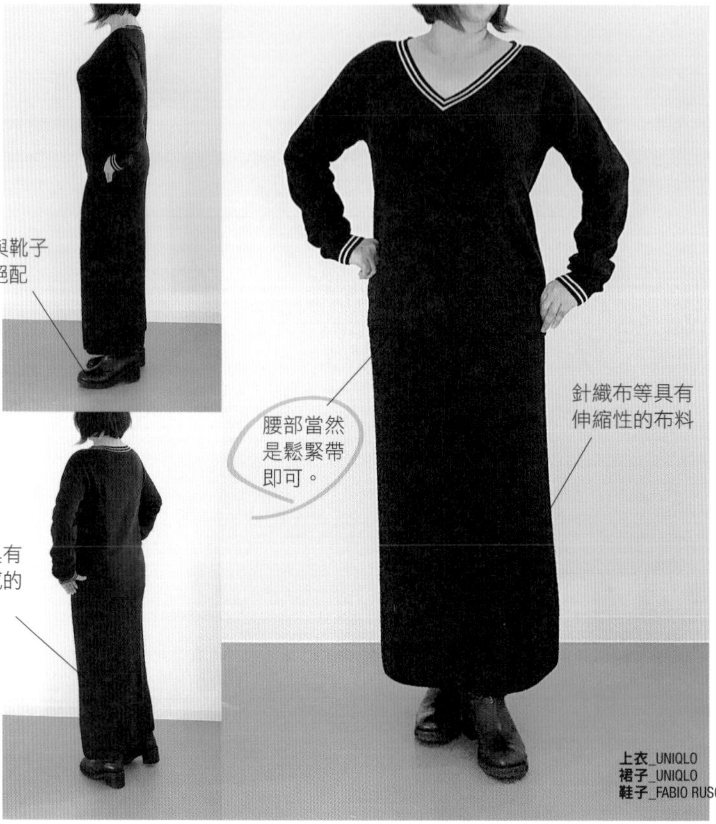
與靴子
絕配
選擇具有
滑順感的
版型。
腰部當然
是鬆緊帶
即可。
針織布等具有
伸縮性的布料
上衣_UNIQLO
裙子_UNIQLO
鞋子_FABIO RUSCONI

長窄裙絕對是專屬成熟大人的單品。裙長超過膝下五公分，加上窄身款式，形成所謂的「鉛筆輪廓」（Pencil silhouette）。

不容易起皺褶的粗呢、針織布，以及單面平紋緯編布等等，都是平時穿著起來輕鬆方便的材質。腰部當然是選舒適的鬆緊帶。只要穿過就知道，要有多舒適就有多舒適，輕鬆得教人目瞪口呆。熟女體型代表人物原田，第一次試穿時，也感動不已地說：「好穿到不行！」從此以後，長窄裙就成了我們的冬季基本款。

鞋子部分可搭配靴子，短靴、長靴皆宜。裙內還可穿褲襪或緊身褲保暖。年輕時喜歡的單品，成為

熟女最新基本款 百褶裙

用深色帶光澤質料的百褶裙 展現大人的成熟貴氣

上衣無論穿得剛好合身或寬大鬆垮都好看。
長度過膝
5～10公分
上衣_ADORE
裙子_H&M
鞋子_Rakuten

百褶裙能強調縱直線，具顯瘦效果。

遮住臀部才安心的人，可搭配大尺寸的針織衫。

熟女後就很難再繼續穿著。百褶裙卻是熟女也合適的珍貴單品。百褶裙的縱直線具顯瘦效果，飄逸的裙襬也能讓成熟大人看起來雍容高雅。

挑選時的訣竅有二：

①選擇深色有光澤的布面。適度的光線反射，能凸出妳的典雅高貴。

②選擇長裙，最好是長度過膝五到十公分。要避免的是，露出小腿肚最粗的部分，否則會有顯腿粗的反效果。

垂墜感**寬襬褲**能遮掩腿部線條 擺脫大象腿

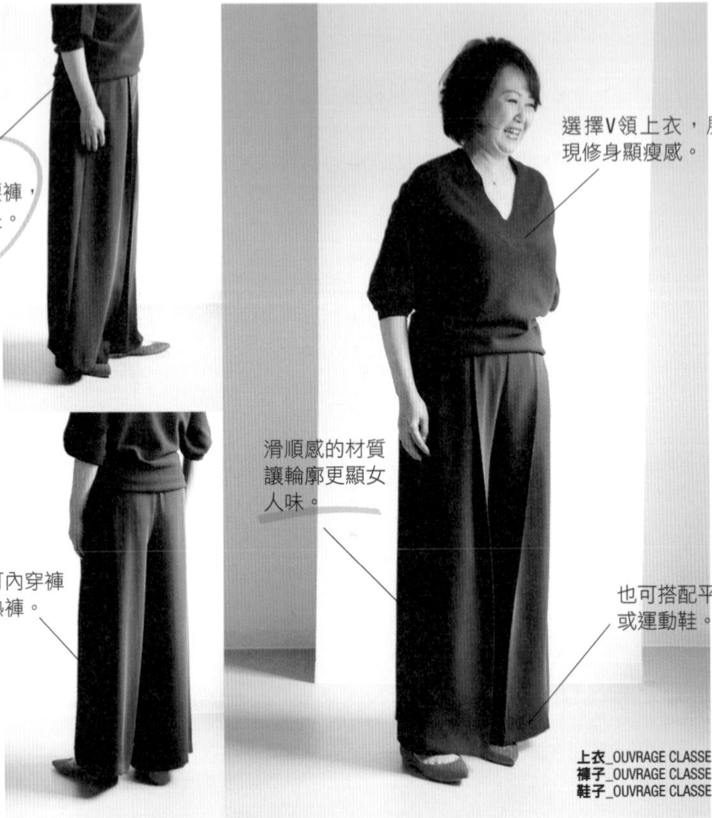
選擇高腰褲，更顯腿長。
冬天還可內穿褲襪或發熱褲。
滑順感的材質讓輪廓更顯女人味。
選擇V領上衣，展現修身顯瘦感。
也可搭配平底鞋或運動鞋。
上衣_OUVRAGE CLASSE
褲子_OUVRAGE CLASSE
鞋子_OUVRAGE CLASSE

「寬襬褲」是經常出現在STYLE SNAP部落格上的熟女最新基本款。無分年齡，只要一穿上，瞬間讓人潮味十足。寬襬褲的好處在於，不會勾勒出腿部線條，任何腿形都能駕馭，即使是O型腿、X型腿或粗腳踝也不怕！因此，寬襬褲是熟女體型強而有力的好幫手。

材質上，選擇有垂墜感的布料，就能展現優雅女人味。如果再加上最近流行的高腰款式，還能讓妳腰高十公分也不是夢?!只不過，褲管太寬的話，恐怕會給人日本太妹或時代劇扮相的感覺……因此，請特別留心褲管寬度。

熟女最新基本款 長版外套

用長版的外套打造胸前的V字形線條

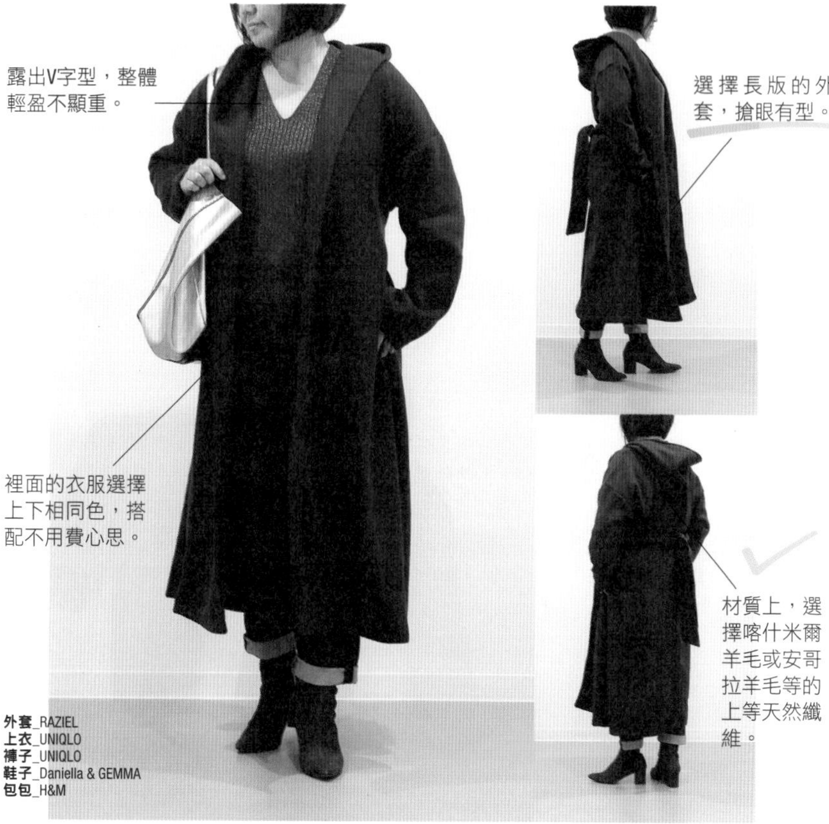
露出V字型，整體輕盈不顯重。
裡面的衣服選擇上下相同色，搭配不用費心思。
選擇長版的外套，搶眼有型。
材質上，選擇喀什米爾羊毛或安哥拉羊毛等的上等天然纖維。
外套_RAZIEL
上衣_UNIQLO
褲子_UNIQLO
鞋子_Daniella & GEMMA
包包_H&M

長版外套可說是冬季最新基本款。我們推薦的是，如上圖般長版並且有附連帽的款式。

彷彿來自電影《哈利波特》的外套，其最大優點，就是能發揮第一章所提到的「長洋裝作戰」的效果。因為是以同一塊布料覆蓋全身，所以能顯得美麗窈窕，絕對能讓妳受到讚美的機率大增。再者，附連帽的款式，領口會形成「V」字形，因此能帶出俐落感。繫上腰帶的話，又能在下半身形成A字形，勾勒出女人味十足的輪廓。

長版&有光澤的風衣是絕佳單品

鈕子若是貝殼材質或具有大理石紋路，能展現高級感。
風衣選擇長版款式，可擺脫OL粉領感。
表面最好帶有淡淡的光澤。
下裝選擇裙、褲皆適宜。
外套_RAZIEL
上衣_GU
褲子_UNIQLO
鞋子_Daniella & GEMMA

這幾年開始吹起了風衣風。

但事實上，可能有許多人不太買單，因為我們時不時會聽到讀者說：「風衣太像上班穿的衣服，穿不出自己的風格。」然而換個角度來看，風衣是由同一塊布組成的時髦感爆棚單品，在穿搭上的便利性不容小覷。至於適合成熟大人穿的風衣，我們首推「長版黑色風衣」。由於長度比一般風衣更長，因此能形成「I字形輪廓」，絕對讓妳顯瘦修身。再加上，黑色又擁有卓越的收斂效果。不僅如此，風衣裡面無論搭什麼服裝都合適，簡直百利而無一害。

熟女最新基本款 羽絨外套

掌握胸前V字、全身A字兩要訣 穿羽絨外套也不顯胖

有連帽，可顯臉小。

羽絨外套上傾斜的縫線，能讓身體顯得苗條。

外套_Rakuten
上衣_UNIQLO
褲子_GU

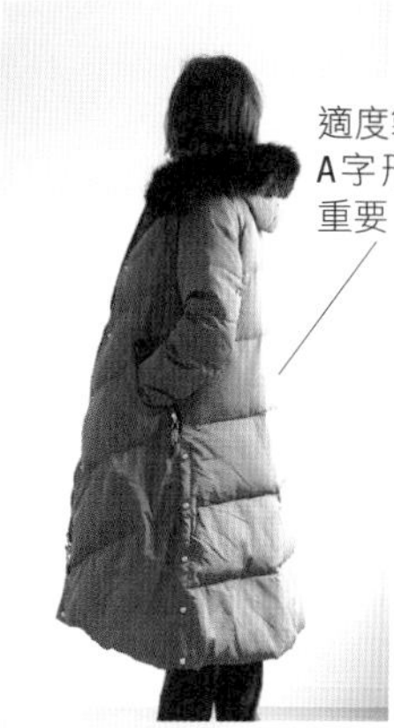

適度製造出A字形十分重要。

長度適中的羽絨外套搭裙子也適宜，又能展現優雅氣質。

外套_**精品店**
連身裙_UNIQLO
包包_ZARA

羽絨外套是冬季不可或缺的單品。保暖又輕盈，在外套界裡打遍天下無敵手——這應該是大家共同的心聲。然而，熟女體型的人若不假思索地穿上，就必須面對瞬間顯胖的危機。

為了不讓惡夢成真，最重要的就是選對款式。首先要看的是有無連帽。附連帽的款式，能形成顯臉小效果，而且要選擇形狀挺立的連帽。

另一項注意點是衣服的輪廓。只要選擇呈A字形的羽絨外套，就能為妳塑造出散發女性魅力的身形。

熟女最新基本款 短靴

無論裙裝、褲裝 穿上短靴立刻潮味出街

搭配裙裝時，以黑褲襪配黑短靴，具有顯腿長效果。

連身裙_UNIQLO
鞋　子_Daniella & GEMMA

只要統一褲子和靴子的顏色，瞬間脫俗高雅。

上衣_UNIQLO
褲子_DoCLASSE
鞋子_Daniella & GEMMA

這幾年，短靴一躍成為冬季的基本鞋款。從有跟的優雅設計，到側面鬆緊布的休閒風設計，款式豐富，應有盡有，搭裙裝、褲裝皆適宜。而且也不會像長靴一樣，可能會有拉鍊被卡在小腿肚拉不上來的困擾。

其中，又更推薦的是粗跟款式。粗跟的特點是，能紮實地踩在地面上，行走方便。請選擇真皮或絨面皮革的材質。此外，尖頭的款式不僅能帶來修長感，又能展現自信帥氣。

熟女最新基本款 運動鞋

成熟大人的運動鞋要選絨布或絨面皮革材質

寬襬褲要搭配白色運動鞋，營造輕盈感。

能展現成熟大人氣質的材質，是絨布或絨面皮革。

上衣_UNIQLO
褲子_Drawing Numbers
鞋子_adidas
披肩圍巾_JOURNAL STANDARD
包包_SAVE MY BAG

帶有皮草的運動鞋，能形成穿搭上的重點裝飾。

上衣_UNIQLO
褲子_DoCLASSE
包包_LE VERNIS
鞋子_Daniella & GEMMA

統一褲襪和運動鞋的顏色，達到顯腿長效果。

套裝_GU
包包_UNIQLO
鞋子_GOLDEN GOOSE

成熟大人穿運動鞋的風潮越來越普及。但運動性能高的網布或帆布材質的運動鞋，給人濃濃的學生氣息，對成熟大人來說顯得休閒過頭，若不加留意，穿起來恐怕有欠穩重……

能將此種擔憂一掃而空的，就是具有高級感的布面，例如上等材質的皮革或絨布。選擇白色或米色，能展現腳的輕盈感。擔心容易髒的人，可選擇黑或深藍等深色。在STYLE SNAP成員間獲得高度支持的品牌，是愛迪達和PUMA。最近，運動鞋的款式設計越來越豐富，在網路上尋找新奇的稀有款，也成了成員們的一大樂趣。

熟女最新基本款 平底鞋

帶給人苗條感的尖頭平底鞋

光腳穿鞋
顯腿長。
選擇銀色或金色等閃亮的顏色，為腳帶來輕盈感。

上衣_UNIQLO
褲子_UNIQLO
鞋子_OUVRAGE CLASSE

上衣_IÉNA
外套_Deuxième Classe
褲子_STUNNING LURE
鞋子_GU
包包_GOOD ROCK SPEED

熟女平時最常穿的，就是「平底鞋」。其中應該有不少人特別愛穿以法國舞鞋品牌Repetto為代表的芭蕾舞鞋。

我們強力建議熟女在挑選平底鞋時，選擇尖頭款式。一般而言，芭蕾舞鞋都是圓頭，但熟女體型的人，因為身體的輪廓略帶圓弧線，所以鞋子選擇細尖的造型，才能穿出好比例。

在顏色上，選擇閃亮的銀色和金色，能展現腳的輕盈感。

COLUMN
#02

Bag

包包是穿搭上的最後潤飾，不能都只有黑色。實用性與時髦感，必須兩者兼顧。

手套_eggnog／包包_CHANEL

STYLE SNAP在攝影時的關鍵物件，就是包包。套餐吃到最後一道甜點時，我們常說「裝甜點的是另一個胃」，而包包在穿搭上的功能，就跟自行獨立出來的甜點很像。只要最後的甜點好吃，就能提高我們對套餐整體的滿足感；同樣地，只要包包搭配得宜，就能讓整體穿搭的印象，美上加美。

雖說如此，包包的實用性仍是最重要的條件。因此，STYLE SNAP的成員們平常主要使用的是，裝得下A4大小的托特包。此外，再準備一個能當作重點裝飾的小包包，並依據時間、場合分別使用大、小包包。

上衣_Deuxième Classe
裙子_Spick&Span
鞋子_MICHEL VIVIEN
包包_STELLA McCARTNEY

只要遵守第5章所介紹的「圖案放在下半身」的新規則，即使是設計大膽的直條紋圖案，也能完美駕馭。這時，別忘了要選擇具有收斂效果的深色上衣。

chapter

4

[第4章]

熟女體型要小心！「萬萬不可」的NG穿搭集

「因爲穿起來很舒適」「因爲從以前就很喜歡」──基於這些理由而不經意地挑選出的穿搭，會讓妳看起來更顯胖、更顯老，糟蹋了妳的美麗！這一章就是蒐集了這一類熟女體型、以及熟女世代的女性最容易犯下的NG穿搭。原田在變身前，雖然有時會讓人覺得「這也太誇張了吧?!」但說不定妳會在其中找到眼熟的穿法……

mistake
常見陋習

母湯！
01
年過四十，選橫條紋要非常小心

before

M 號也穿得下，
我還是瘦得很。

短版合身上衣，
看起來很時髦吧？

胖嘟嘟

凸出

這次特別穿上了
高跟鞋，美吧？

［側面］

［正面］

穿得下M號是值得高興，但是等一等！

從側面一看，腹部的線條……（汗）

#01 after

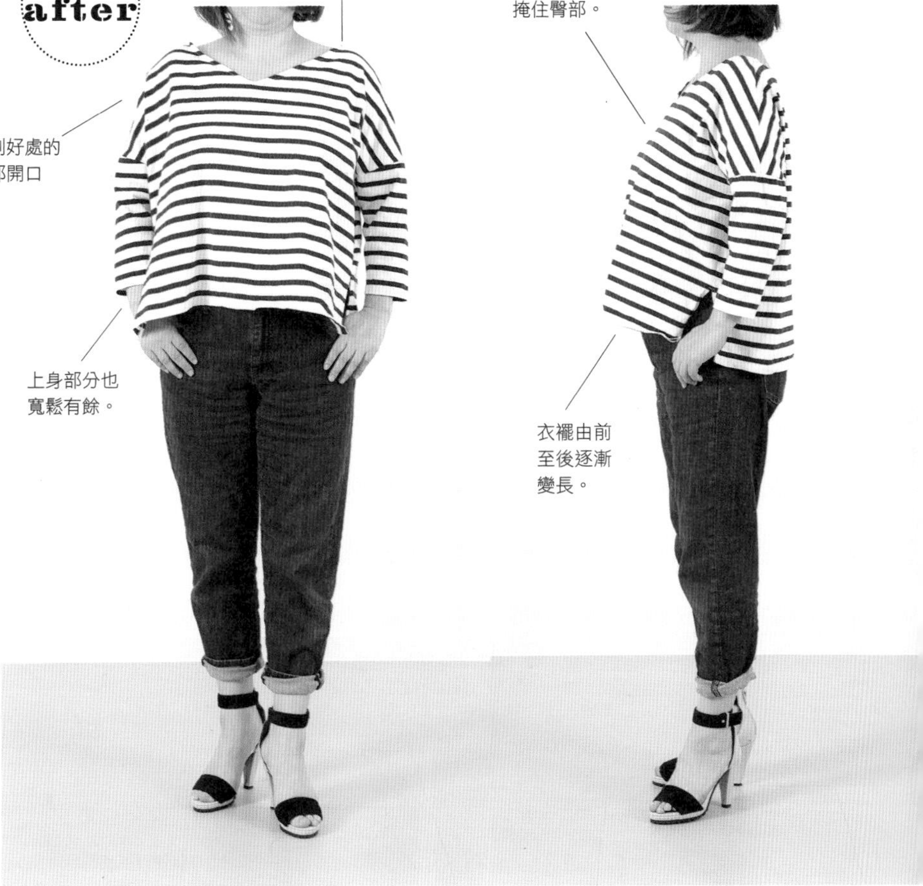
V領可修飾肩頸。
恰到好處的領部開口
上身部分也寬鬆有餘。
從前面看顯腿長，從後面看，適度遮掩住臀部。
衣襬由前至後逐漸變長。

上衣_IÉNA／褲子_UNIQLO／鞋子_RANDA

這幾年，橫條紋大受歡迎，成了不分世代的基本款。其種類繁多，包括T恤、經過裁剪縫製的針織衫等等。雖然相當方便，但我們多次聽到讀者反應說，當初未經思考就買下，結果穿起來卻「怪怪的」或「不像過去那麼好看」。

橫條紋的單品，會根據其材質、設計、顏色、條紋寬度等要素，而又分成各式各樣不同類型。請依照自身的個性、體型，選出最適合自己的款式。

若是熟女體型，就絕對不能穿貼身的橫條紋上衣。記得選擇尺寸寬鬆的單品。最近各家品牌推出了許多版型寬大的橫條紋衫，大家不妨多找找、多看看。

母湯！

02

還在穿的人要注意！「該從長版上衣＋緊身褲」畢業了

mistake
落後過時

before

長版上衣可以遮屁股、遮小腹，穿起來好放心。

腳形很美吧？

我還是寶刀未老。

還在把20年前的流行當時髦？

方便是方便，但也該畢業了吧？

#01
after
進化後的長版
上衣長度更長。
選擇長度
過膝的長
版上衣。

上衣_COS／**鞋子**_Daniella & GEMMA／**包包**_MILOS

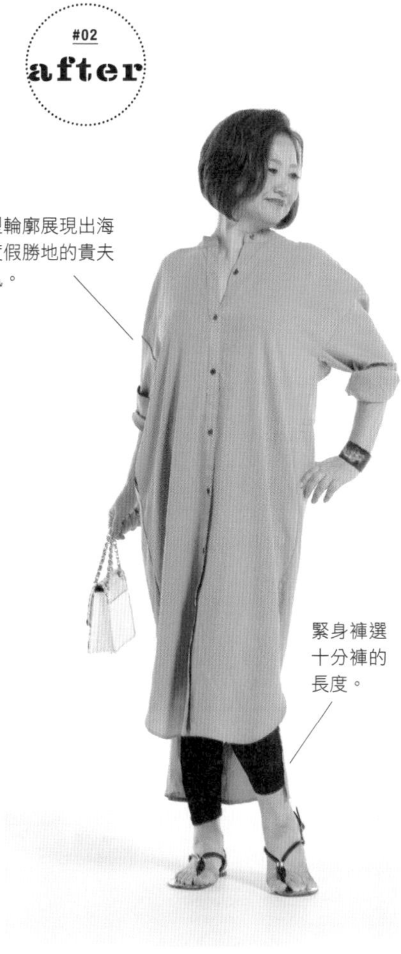
#02
after
繭型輪廓展現出海
外度假勝地的貴夫
人風。
緊身褲選
十分褲的
長度。

上衣_JOURNAL STANDARD relume／**鞋子**_MERCADAL／**手環**_ IÉNA

二十歲前後體驗過的流行，會對往後的人生造成影響——妳也聽過這樣的說法嗎？

基於這種現象，我們熟女必須注意的，就是過去曾風靡一時的「長版上衣＋緊身褲」的組合。光靠一件衣服就能輕柔地遮蓋住不想被看到的小腹和臀部，確實相當方便。

明知早已退流行，卻因為其便利性，而無法放手。如果妳也有這樣的困擾，那我們就要帶給妳一個好消息：類似於當時的穿搭，如今正在復古流行中。和過去不同的是，現在的長版上衣比以前長上許多，長到幾乎不能叫做上衣，而該叫做連身裙了。裡面再搭配上一件也是長度更長的十分內搭褲，就能瞬間時髦爆棚，大家不妨嘗試看看！

母湯！

03

成熟大人穿上牛仔破褲，更顯庸俗

mistake

裝年輕

before

裡面穿的可不是蕾絲襯衣，而是在一間有名的美國服裝店買的細肩帶背心。

緊繃

緊繃

看起來很青春無敵是不是？

破洞很帥氣吧？

上下身都是牛仔丹寧，不太妙吧？是在演八〇年代的老電影《BLUE JEANS MEMORY》嗎?!

不太像是趕時髦，比較像純粹褲子破了！

#01
after

成熟大人只要選
深色的丹寧褲，
就錯不了。

上衣_Ron Herman／**褲子**_CINOH／**鞋子**_NIKE
包包_ZAKKA-BOX

#02
after

MUSIC
SPEAKS LOUDER THAN
WORDS.
可接受適
度的破損
穿得要寬鬆，
可選擇將近大
一號的尺寸。

上衣_OUVRAGE CLASSE／**褲子**_UNIQLO／**鞋子**_OUVRAGE CLASSE（**左右皆是**）

總覺得最近穿丹寧褲，都不好看了——似乎不少人有這樣的煩惱。其實根本原因，可能是在於妳仍沿用「年輕時的標準」在挑選丹寧褲。換言之，就是一直以來常說的「丹寧褲就是要有破舊感才時髦」的「破褲至上主義」。

這種牛仔破褲配上年輕人的肌膚，會顯得十分好看。遺憾的是，熟女可就不同了。隨著歲月劣化的丹寧褲，配上隨著歲月劣化的皮膚，實在很難穿出美感。

因此，穿丹寧褲，我們建議穿「深色丹寧褲」，也就是那些未經水洗等重度加工的深藍色丹寧褲。挑選時，以此為標準的話，就一定能穿出顯瘦修長的好比例。

母湯！

04

「輕鬆方便最重要！」是老化的加速器

mistake

顯胖

before

冬天就是要穿高領，
脖子才不會著涼。

長版的羽絨外套，
年年都要拿出來穿。

沉甸甸

LV的包包，已經
用了將近30年。
愛物惜物是美
德。

鞋子就是要黑色，
容易髒的顏色絕對不穿。

穿衣服只講求輕鬆方便，
已經打算不修邊幅了嗎？

#01
after
將紮進去的衣服多拉出一點，完美隱藏怕被看到的小腹。
長裙較有端莊感

上衣_GU／裙子_UNIQLO／鞋子_FABIO RUSCONI
包包_MILOS／背帶_GU

#02
after
袖子挽高，露出手腕。
尖頭鞋讓妳時髦感升級

上衣_UNIQLO／褲子_UNIQLO／鞋子_ Daniella & GEMMA

從事個人穿搭造型師的工作，遇到的客人不僅年齡不一、體型不一，且各自擁有不同的風格、個性。與年輕人不同的是，她們個個深度十足，又散發著迷人風采。

和她們聊過之後發現，許多人成為熟女後，就開始變得凡事最講求「輕鬆方便」，進入放棄打扮、不修邊幅的化境。沒想到有這麼多人抱著「時尚與我無關」「穿什麼都不好看」「追求時尚太累人，實在應付不來」的想法，放棄打扮，不相信自己還有變美麗的可能性，成了「輕鬆方便至上主義」的信徒。

不過，別擔心，輕鬆方便和美麗時尚，是可以兼顧的！我們部落格中廣受歡迎的單元「變身前&變身後」，就是一個實證。即使是輕鬆方便的衣服，只要加入一點巧思，也能在視覺上創造出一百八十度的大轉變。

母湯！

05

上身穿花卉印花，容易化身「少女心大嬸」

mistake
嬸味十足

before

花卉印花的連身裙很萌吧？這是我一直以來的最愛。

這件呢？不錯吧？

呃……跟臉不太搭耶。

裝年輕裝過頭，變成令人目不忍睹的大嬸了。

#01
after
選擇黑或深藍的收縮色
在右頁的連身裙外面，套上一件黑色針織衫，瞬間變得成熟高雅。
想穿花卉印花圖案時，要穿在離臉較遠的下半身。

上衣_UNIQLO／**連身裙**_GU／**鞋子**_FABIO RUSCONI

#02
after
花卉印花裙，選擇硬挺或具有立體感的材質，比較適合成熟大人。
大朵花卉圖案，更能展現成熟感。

夾克_MUVEL／**上衣**_DOUBLE STANDARD CLOTHING／**裙子**_ZARA
鞋子_Daniella & GEMMA／**包包**_sita parantica

許多女性從年輕時就很喜歡花卉印花，成了熟女後，仍忍不住買下這種服裝。花卉印花有著不隨著時代褪色的可愛感，是女性心目中經典不敗的圖案。我個人也非常喜歡。

但是，請等一等！若不隨著年齡升級妳的穿搭方式，花卉印花就很可能讓妳變成一個令人目不忍睹的「少女心大嬸」。

想避免這樣的悲劇發生，只要讓花卉印花遠離靠近臉蛋的上衣即可。

五十歲以上的人，傾向於信奉「上半身穿各種圖案，下半身穿百搭素面」的教戰守則，但花卉印花正好相反。換言之，規則很簡單，只要記得「上半身素面，下半身花卉印花」即可。這麼一來，妳身上的花卉印花，就會立刻升級成雍容華貴的成熟大人版。

母湯！

06

頸部包很緊的上衣，埋沒了鎖骨部位的反光效果

mistake

顯胖

before

冬天就是要穿高領上衣。
在日本，以前都叫它「德利」。
沉重

整體給人一種沉重感?!

#01 after

即使只是小露鎖骨，也能營造出顯瘦修身感。

上衣_SUPERIOR CLOSET／褲子_SUPERIOR CLOSET
鞋子_plane people

#02 after

V字形線條不但顯臉小，還能讓整體俐落有型。

成熟大人只要大方露出頸部，即使穿膨脹顯胖的羽絨衣也不怕。

連身裙_UNIQLO／背心_GU／鞋子_RANDA

在第1章的「頸部V作戰」提過，成熟大人的美麗風采，要靠「鎖骨部位」來襯托。因為在領口製造V字形，或穿船領上衣，能讓鎖骨部位自然形成反光效果，將光線打在臉上，讓妳容光煥發，肌膚更顯明豔有光澤。

九〇年代，日本的美白女王鈴木莊能子（鈴木その子）風靡一時。還記得她每次上電視節目，都一定會有光線從下方打上來，把她的臉照得亮晃晃的。而鎖骨部位就是能製造出與其相同的效果。

因此，穿高領上衣，把脖子包得緊緊的，就太暴殄天物了。熟女體型的人應該極力避免穿著這類衣服。不過，寒冷的冬天要待在戶外時，當然還是免不了以高領等的衣著，確實做好防寒保暖。

母湯！

07

mistake

常見陋習

穿上普通T恤，擺脫不掉的疲態

before

藍色的T恤
看起來很清
新吧？

拖泥帶水～

搭個流行的
牛仔破褲看看。

整體給人皺皺爛爛的感覺？

穿在年輕人身上很合適，
但穿在成熟大人身上，恐
怕不太能看……

#01
after
選擇領部開口較大的T恤，打造修長天鵝頸。
上身的軀幹部分需要「適度」的寬鬆。

上衣_Right-on／褲子_JOURNAL STANDARD／包包_RAZIEL

#02
after
胸口的荷葉邊，能將目光向上誘導。

上衣_BANANA REPUBLIC／褲子_UNIQLO（左右皆是）／鞋子_GUCCI（右）TORY BURCH（左）

「成熟大人穿T恤的煩惱」，就是挑選T恤時，若不知道哪些地方該注意，就會把T恤穿成「學校運動服」。

不過，別擔心！只要知道該注意哪些點，妳也一定能挑選到適合成熟大人的T恤。挑選要訣有五：

①選擇黑或深藍等的收縮色。

②選擇領口較大的單品，以發揮反光、打光效果。

③利用圖案、標語、荷葉邊等設計，將目光向上誘導。

④選擇能遮上手臂的單品。小連袖容易強調上手臂，是NG單品。

⑤選擇版型較長、能適度遮掩小腹與臀部的單品。但要注意的是，長到拖泥帶水的話，反而顯得邋遢。

只要留心以上這五點，妳就一定能找到適合妳的T恤，而不會穿得像學校運動服了。

母湯！

05

穿著「寬鬆＋寬鬆」，背影恐怕變水桶

mistake
嬸味十足

before

小腹和屁股都不想讓人看見，必須用輕柔飄逸又有女人味的服裝來遮掩。
沉重
穿寬鬆的裙子準沒錯。
[front]
[back]

從背面看是標準的大嬸背影。

今天是家長參觀日?!

#01
after
刻意選擇寬大的袖管，能讓從袖管中伸出的手臂顯得細瘦。
將褲襬稍微上捲，露出腳踝，能營造出整體的收斂效果。

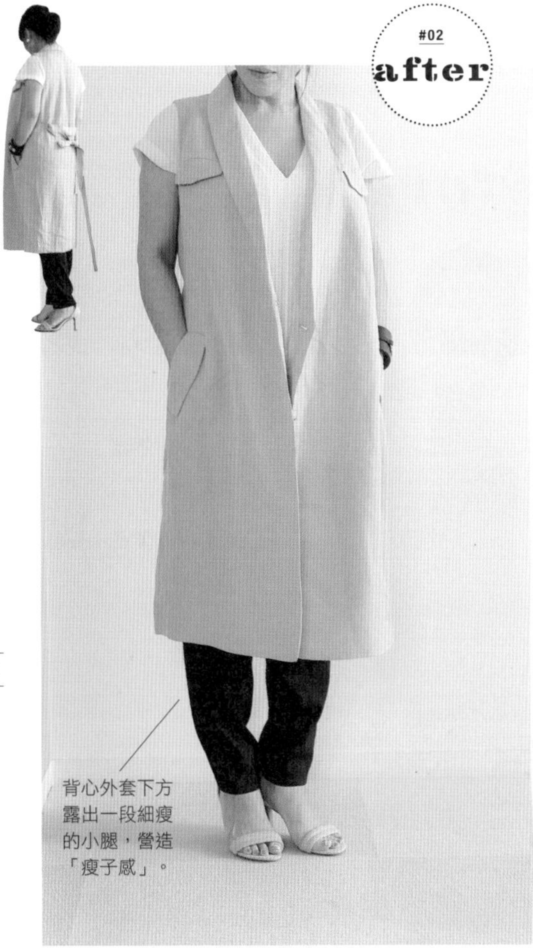
#02
after
背心外套下方露出一段細瘦的小腿，營造「瘦子感」。

(右)上衣_JOURNAL STANDARD／**褲子**_UNIQLO／**鞋子**_ZAKKA-BOX
(左)上衣_H&M／**背心**_BANANA REPUBLIC／**鞋子**_H&M

街頭上最常出現的女性穿搭，就是這種「寬鬆＋寬鬆」的造型。感覺上，這麼穿似乎能幫助女性遮蓋住不想被看到的體型，但事實上，上下身都穿寬鬆的衣著，反而容易顯胖。

全身都穿得寬鬆時，他人會根據看得見的部分，想像整體輪廓，因此**不妨露出身體細瘦的部分，以營造出整體的修長細瘦感**。這就是心理學所謂「非感官補整」（Amodal completion）的心理作用。

本頁上方的右圖，刻意選擇了寬大的袖子，製造手臂顯瘦效果，就是在運用此種技巧。左圖則是選擇背心外套，雕塑出I字形，並露出小腿細瘦的部分，讓他人自動腦補出全身細瘦的印象。

\ 母湯！ /

09

成熟大人穿荷葉邊，甜美過頭

mistake
誇張過頭

before

不管到了幾歲，荷葉邊的衣服總是令人心動。

粉紅色的披肩很迷人吧？

今天要去看一場晚餐秀。

熟女體型穿荷葉邊和蕾絲時，要特別小心！

裝可愛過頭，可就美不起來了。

#02
after
即使全身圖案都是嘉頓格（Gingham Check），只要選擇黑白灰色調，就能展現出大人的成熟氣質。
#01
after
選擇海軍藍或黑色，能營造自然不做作的成熟可愛風。
將格紋襯衫，從袖口翻出，翻出時尚風格。

連身裙_RAZIEL／**鞋子**_ZARA

上衣_UNIQLO／**開襟衫**_UNIQLO／**褲子**_net price
鞋子_AmiAmi／**包包**_PotioR

荷葉邊的上衣，可愛得令人忍不住想買。但結帳之前，請先冷靜一下。如果是具有高級感的材質，例如塔夫綢（Taffeta）、山東綢（Shantung），就沒有問題；若是廉價的薄布，那可就不適合穿在成熟大人身上了。後者不但給人庸俗感，還會增加上半身的分量感，讓人看起來更大隻。

若想簡單又不花大錢地營造出「可愛俏麗」的印象，其實利用嘉頓格是十分便利的好辦法。無論襯衫或褲子，UNIQLO每季都會推出各種嘉頓格圖案的款式。嘉頓格能適度為成熟大人帶來俏麗視覺，如果妳過去對嘉頓格疏於接觸，不妨趁這個機會嘗試看看。

母湯！

10

半長不短開襟衫，一秒淑女變俗女

mistake
常見陋習

before

選來選去，還是選了最百搭的灰色。

［背面］　［正面］

原本是想遮蓋體型，
結果卻更顯臃腫?!

#01
after

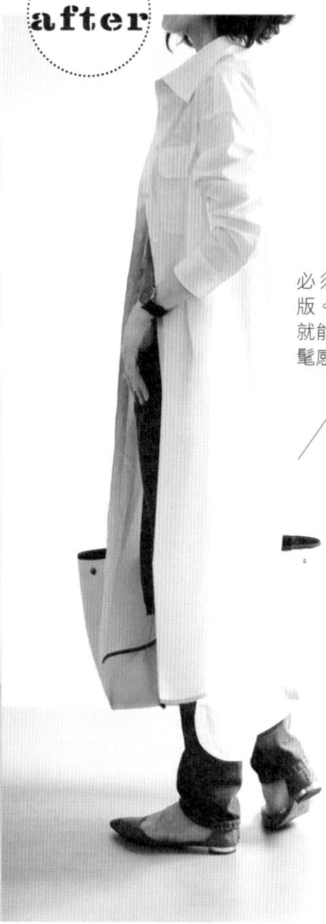

必須選擇超長版。這麼一來，就能輕鬆穿出時髦感。

#02
after

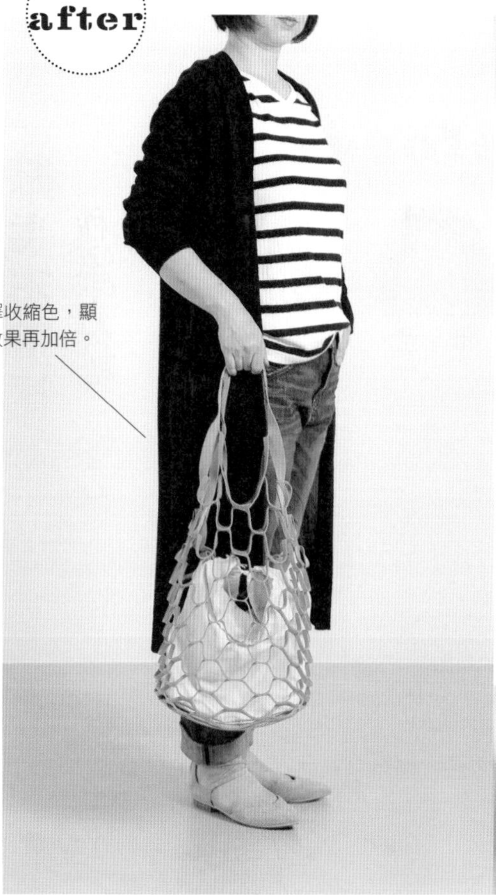

選擇收縮色，顯瘦效果再加倍。

(右)上衣_CINOH／**褲子**_LEVI' S／**包包**_Willow Bay／**鞋子**_AQUAZZURA
(左)上衣_UNIQLO／**開襟衫**_UNITED ARROWS／**褲子**_UNITED ARROWS／**鞋子**_Daniella & GEMMA／**包包**_RAZIEL

殺傷力十足、能讓人一口氣老五歲的單品，就屬半長不短的開襟衫。其實右頁中的開襟衫，不只在這裡，還曾出現在其他變身前的穿搭中，可以說是NG示範的老相好。由於這種款式，長度稍稍超過臀部，能遮住不想被看到的部分，因此經常被女性誤以為是穿搭上的得力助手。然而，實際穿上後，卻讓人立馬變成水桶大嬸，是不得不小心提防的單品。

為了避免這樣的悲劇發生，長版開襟衫要買就買最長的。具體來說，就是長度過膝十公分左右。長度越長，越能讓人顯得細瘦。相同的法則，也能應用在長版的襯衫連身裙上。

母湯！

11

膝上短窄裙
通通得丟掉

mistake

嬸味十足

before

我的腿還挺細的吧？
其實我還滿自豪的，
今天就秀出來給大家
瞧瞧。

鏘鏘

重點是。
背面開衩

無論腿再怎麼美，熟女露膝蓋，就是不體面！

#01
after

選擇高腰，
能抽高顯腿長。
選擇長度過膝到長至腳踝之間的長裙

上衣_ESTNATION／**裙子**_emmi
包包_JOURNAL STANDARD／**鞋子**_GU

#02
after

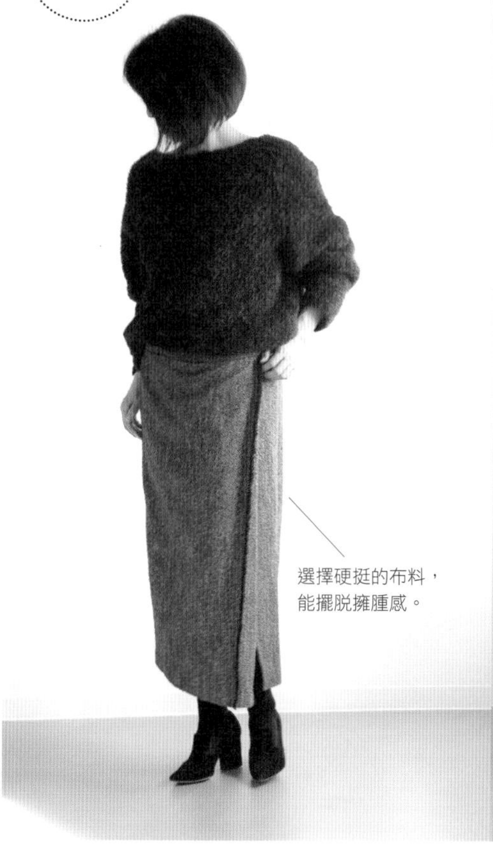
選擇硬挺的布料，
能擺脫擁腫感。

上衣_Plage／**裙子**_Plage／**鞋子**_FABIO RUSCONI

之後的第5章將會介紹哪些共通特點會令他人「目不忍睹」。其中，膝上短窄裙正是讓成熟大人變得「目不忍睹」的代表性單品。無論擁有再美的雙腿，女性只有在三十世代以前，能藉由露出膝蓋展現風華。過了三十世代，就不再適合露膝蓋。現實就是如此殘酷。

裙裝的話，我們建議成熟大人穿的是，**長度過膝到長至腳踝之間的窄裙**，最近在STYLE SNAP部落格上，這種窄裙也以驚人的頻率反覆出現。

選擇人造皮革、粗呢等質感紮實的材質，能讓妳的時髦感大升級。選擇高腰的款式，則是具有抽高顯腿長的效果。

COLUMN

#03

Hair

髮型透露出妳的世代。因此一定要跟著「時下」改變造型。

STYLE SNAP每天為讀者呈現出各種穿搭造型。在這樣的過程中，我們感覺到的是，判斷一個人是否美麗迷人，靠的往往不是衣服，其實百分之五十左右靠的是髮型。無論衣服穿得再怎麼美，只要髮型過時，就立刻出局！尤其對成熟大人來說，更需要客觀審視自己是否因太過熟悉，而依然留著昔日的過時髮型，比如「松田聖子頭」「水平零層次髮型」（One-length cut）「鬆散狂野鬈髮」（Sauvage hair）等等。即使妳覺得自己的髮型OK，但只要在街上放眼望去，就會發現很多人都還頂著一頭老派髮型。請好好端詳自己的頭髮，並跟著潮流加以升級吧。比方說，透過偶爾換間髮廊等方式，為自己選擇一個能表現出「時下感」的髮型。

LE VERNIS
CHANEL

一件式連身褲_ZARA
包包_Rick & Roy
鞋子_ZARA

一件單穿就能化身時髦潮人的一件式連身褲，是成熟大人穿搭上不可或缺的單品。黑色、深藍色的出現頻率太高，有時不妨配合自己的心情，挑戰看看當季色或流行色。

chapter

5

[第5章]

解決 熟女體型 的常見疑難雜症！ 變身前和變身後

每天都有許多人來瀏覽STYLE SNAP的部落格，因此我們也接到許多讀者來信，詢問各式各樣的疑難雜症。因爲平時無法一一回覆，所以趁這個機會，我們收集了一些常見的問題，藉由本章一次回答，希望能讓大家穿衣無煩憂。

疑難雜症 #01

想擺脫整體「圓滾滾」的形象

mistake
顯胖

before

氣球型連身裙*
很可愛吧？
用皮草材質的
波麗路外套*
來營造時髦感。
咚！

*譯註：Balloon one piece dress，版型有點類似繭型連身裙，但最寬的部分是在靠近下襬處。

*譯註：Bolero jacket，一種下襬不過腰的短版外套。

彷彿可以聽到「叩隆叩隆」的滾動聲?!
明明看得出精心打扮過，但就是不太對勁……

大家的疑難雜症 Comment

常見 01 猛然瞥見自己倒映在櫥窗上的側面身軀時，錯愕不已！

常見 02 因為太胖的關係，無論從哪個角度看，胸部和腹部都是呈一團橢圓形。

常見 03 穿寬鬆的襯衫，看起來卻像降落傘。

背心外套能迅速製造出I字形，可多擁有幾件不同色的款式，方便穿搭。
只要將穿在裡面的衣服，上下身顏色統一，就能顯得更苗條修長。
上衣_MADISONBLUE
背心外套_Deuxième Classe
褲子_APSTUDIO
包包_RAZIEL
鞋子_Pretty Ballerinas
手環_H/standard

用直線版型的背心外套，提升顯瘦效果。
用重點裝飾的橫條紋，讓目光焦點聚集在此。
上衣_Deuxième Classe
背心外套_Deuxième Classe
褲子_PLST
包包_Deuxième Classe
皮草_KARL DONOGHUE
鞋子_FABIO RUSCONI

after

套上一件長版背心外套 用縱直線營造出修長苗條感

我們的體型會在成為熟女後產生改變，若非刻意維持，就一定會變得越來越有「渾圓感」。這時，給大家的建議，就是祭出第1章所介紹的「I字形穿搭作戰」。其中，有一種能輕鬆營造出I字形的單品，那就是最近大受矚目的長版背心外套。它和長版開襟衫一樣，特色皆在於，只要套在身上，就能凸顯身體的縱直線，而毫不費力地形成整體的顯瘦修長感。不僅如此，因為這種款式設計，不曾在我們年輕時流行過，所以熟女一穿上，就會潮味爆棚。由於是以寬鬆的尺寸為主流，在一般品牌中的F尺寸（One size），就足以因應熟女體型的需求。委託我做穿搭造型的客人，都曾因為加上了這一項單品，而帥出新高度。

疑難雜症 #02

側面一看矮肥短，身材好像啤酒桶?!

mistake
嬸味十足
before
啥？
你說看起來矮肥短？
才沒人要看
我這個歐巴桑哩！
我愛穿什麼就穿什麼，
根本沒啥好在意。
沉甸甸
駝背使頸部至背部呈圓弧形，怎麼看都覺得嬸味十足。

大家的疑難雜症 Comment

常見 01 體重明明沒增加，背部卻積了厚厚一層贅肉！

常見 02 腰圍以每年3公分的速度持續增生中。

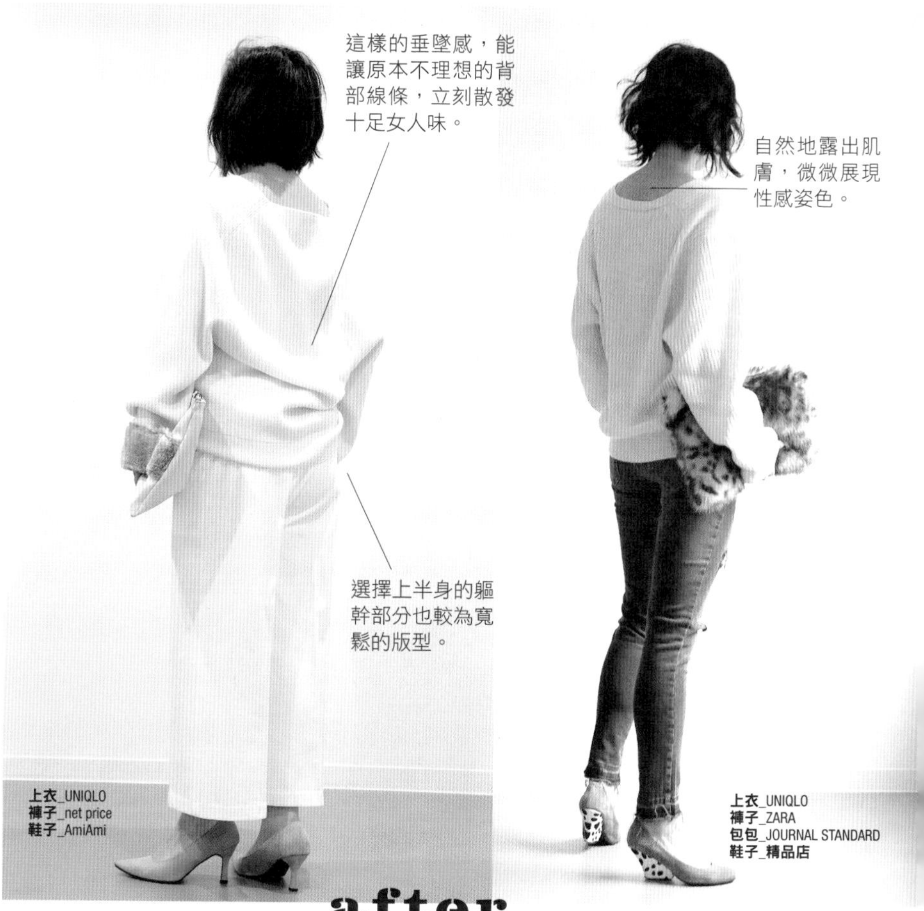
這樣的垂墜感，能讓原本不理想的背部線條，立刻散發十足女人味。
自然地露出肌膚，微微展現性感姿色。
選擇上半身的軀幹部分也較為寬鬆的版型。
上衣_UNIQLO
褲子_net price
鞋子_AmiAmi
上衣_UNIQLO
褲子_ZARA
包包_JOURNAL STANDARD
鞋子_精品店

after

後領開展、微露上背
讓老氣的駝背變成芳香四溢的「女人味」

能為我們完美遮住上半身贅肉的，就是年年不斷進化的針織衫。一套上這種針織衫，無須特別打理，就能形成後領開展、微露上背的造型，而且衣服與軀幹之間也寬鬆有餘。上半身寬大的版型，能展現出整體的衣帶鬆綽，彷彿身體能在針織衫中滑動，充分展現女人味。

說個題外話，在服裝和髮型上，隨風飄逸的空氣感，是全球女性共通的憧憬。女性雜誌經常會以模特兒神清氣爽地迎著風的特寫，作為封面。

能輕鬆營造出這種空氣感的，就是時下的針織衫。這種寬鬆版型正在發燒流行中，值得妳毫不猶豫地擁有一件。

疑難雜症 #03

無論到了幾歲，都想走甜美風！

before

mistake
誇張過頭

如何？
很少女吧？

緊繃

緊繃

我從以前就很喜歡可愛俏麗風的衣服。

臉蛋和服裝非常不協調?!

大家的疑難雜症

Comment

常見 01　大家閨秀的淑女風穿著，現在怎麼穿都不好看了。

常見 02　以前很愛穿傘裙，但現在穿起來，好像大媽版的白雪公主，讓人倒抽一口涼氣。

常見 03　因為個子矮，所以不適合走帥氣姐派路線。

立體剪裁的進化版針織衫中，經常能找到充滿柔美女人味的款式設計。
上衣_BELLE MAISON
褲子_DoCLASSE
鞋子_Daniella & GEMMA
包包_COACH

想要走可愛俏麗的路線時，只要有蓬鬆的袖子即可，其他部分則不做改變。
上衣_BARNYARDSTORM
褲子_UNIQLO
鞋子_H&M

after

成熟大人的「可愛俏麗」要從顏色、材質、款式設計中三選一

「可愛俏麗」的服裝，無論到了幾歲都讓人愛不釋手。年輕時可以愛怎麼穿就怎麼穿，但成熟大人可就沒那麼幸運了。因為無論是帶有歲月痕跡的臉龐，或是豐滿圓潤的體型，都難以駕馭「可愛俏麗風」。這時我們可以做的，就是從「可愛俏麗」轉換成「帥氣姐派」的路線。比如熟女體型代表人物原田，替她進行變身後的穿搭時，就絕對走不了「可愛俏麗」路線。服裝的挑選上，褲裝一定優先於裙裝，深色系一定優先於淡淺的粉嫩色系。

就是喜歡「可愛俏麗風」的人，最好是在上衣或小配件上，加入單獨一項可愛元素。具體來說，訣竅在於「顏色、款式設計、材質」這三個面向，只能有一個面向帶有可愛元素。即使是這麼含蓄的搭配方式，也能充分展現出成熟大人的可愛感。

疑難雜症 #04

膚色暗沉顯老

mistake
嬸味十足
before
今天要去看歌舞伎。
拖泥帶水～
這個穿搭是走沉著穩重路線。

咦？怎麼看起來老10歲?!

大家的疑難雜症 Comment

常見 01 以前穿粉紅色，能讓皮膚看起來更美麗，現在穿粉紅色，只是讓臉蛋更顯老而已。

常見 02 穿黑色系的衣服會顯老，穿亮色系的衣服又太浮誇。

常見 03 因為肌膚開始暗沉而換了粉底顏色後，能駕馭的衣服顏色也跟著改變了。

乍看之下花俏的粗直條紋，只要選擇深紅色就很耐看。
上衣_ZARA

輕鬆駕馭華麗而強烈的大紅色，是成熟女性的特權。
上衣_ur's
裙子_IÉNA
包包_STELLA McCARTNEY
鞋子_PELLICO

大紅色的上衣能給人朝氣蓬勃的亮眼感。
上衣_GU

after

熟女的酒紅色&大紅色是帶來好氣色的救世主

讓成熟大人的肌膚更顯黯淡的代表色，就是軍綠色和深灰色。我想大家都有這樣的經驗，上衣穿這兩種顏色時，就會顯老到不可思議的地步，少說也會老上五歲。因此STYLE SNAP成員們的談話中，經常會討論到軍綠色和深灰色有多麼難纏。

反之，能讓成熟大人的肌膚煥發光彩的顏色，則是酒紅色和大紅色。這是我們日復一日為熟女模特兒們拍攝照片，所得到的結論。這兩種顏色乍看之下過於花俏濃豔，讓人難以出手，實際上它們的效果卻是不同凡響。因為顏色深，所以能形成柔和的陰影，反而更添成熟穩重感。無論穿在上半身或下半身，都能展現出美麗脫俗的典雅氣質。

疑難雜症 #05

腳怕冷，無法露出腳踝

mistake
落後過時

before

露出手腕、腳踝，很顯瘦吧？
大腹
便便
但我其實很怕冷。

這麼努力地露出腳部，結果卻適得其反 ?!

大家的疑難雜症

Comment

常見 01 我非常怕冷，所以除非大熱天，不然沒辦法光腳穿跟鞋。

常見 02 讓手腳冰冷，對女人很傷的！

常見 03 時髦就是要挨寒受凍?! 就算年輕時辦得到，成為熟女後也辦不到！

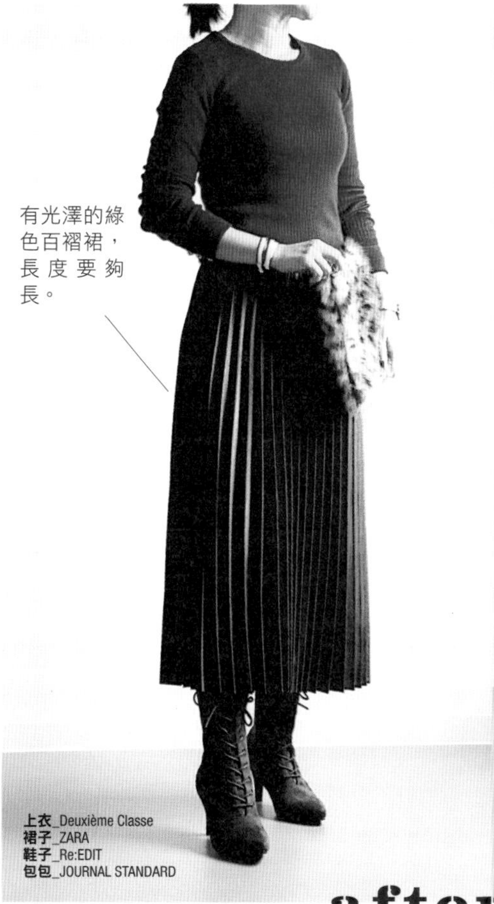
有光澤的綠色百褶裙，長度要夠長。
上衣_Deuxième Classe
裙子_ZARA
鞋子_Re:EDIT
包包_JOURNAL STANDARD

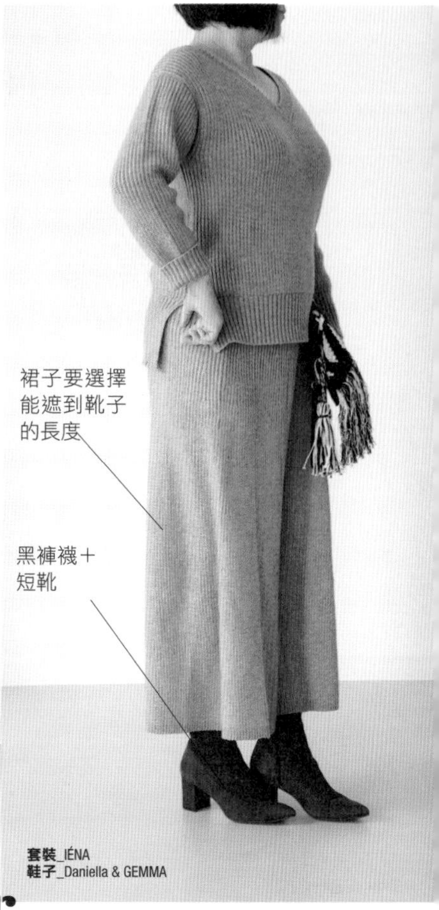
裙子要選擇能遮到靴子的長度
黑褲襪＋短靴
套裝_IÉNA
鞋子_Daniella & GEMMA

after

選擇夠長的長裙，內搭發熱褲保暖

這幾年，「外露頸腕踝，時髦有魅力」（譯註：指露出頸部、手腕、腳踝，就很有時尚感）已成了時尚標竿。但老實說，要熟女在寒冬中露出腳踝，簡直要人命。

其實，STYLE SNAP的成員裡，沒有一個人會在冬天露出腳踝。大家反而是以「保暖」為優先，無論裙裝或褲裝，都會在裡頭多加一件發熱褲或褲襪。天寒地凍時，甚至還會疊穿兩件發熱褲或褲襪。最近，迷嬉長裙（譯註：Maxi skirt，長至足踝處的長裙）當道，甚至有成員為了穿發熱褲，而專程選購這種長度的裙子。

鞋子可搭配靴子或運動鞋。只要讓鞋子和褲襪的顏色相連不間斷，就不會有穿搭失敗的困擾，同時還能營造出顯腿長效果。

疑難雜症 #06

討厭有跟的鞋子，不懂爲何有人穿得了跟鞋！

mistake
嬸味十足

before

我最討厭有跟的鞋子，穿得腳痛死了。

沉重

但年輕時
倒是常常穿。

這是隨便套件衣服，到樓下倒垃圾嗎?!

大家的疑難雜症

Comment

常見01 我拇趾外翻，無法穿跟鞋。

常見02 我只是普通的家庭主婦，平時不會穿到跟鞋。

常見03 跟鞋的跟居然能高到十公分，太荒謬了！

MICKEY MOUSE
PLANE CRAZY
黑褲襪配上黑鞋，讓腿顯得苗條細長。
上衣_UNIQLO
裙子_GU
鞋子_GOLDEN GOOSE

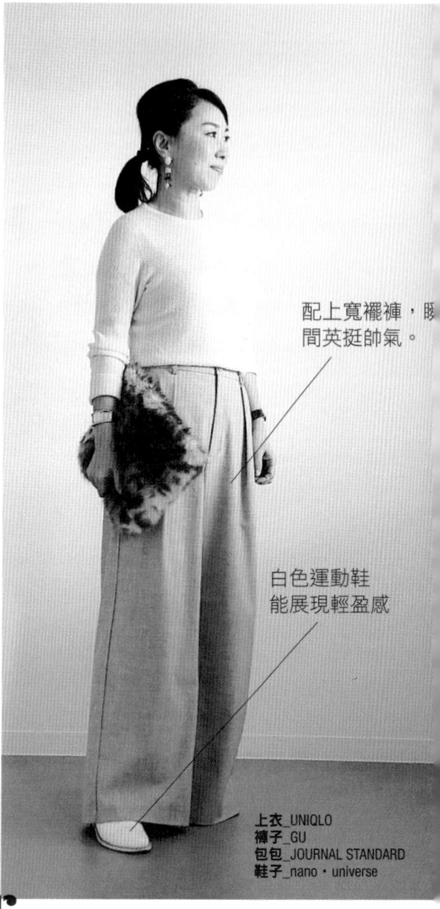
配上寬襬褲，瞬間英挺帥氣。
白色運動鞋能展現輕盈感
上衣_UNIQLO
褲子_GU
包包_JOURNAL STANDARD
鞋子_nano・universe

after

成為熟女後，腳形也會跟著改變。行走不便的跟鞋，不適合平日穿著。

一家長期研究女性腳部的大型郵購公司指出，「女性腳形會隨著年齡而改變。尤其是腳底的足弓會逐漸扁平，所以越來越無法穿跟鞋，是理所當然的事」。

由此可知，許多人會產生「抗拒跟鞋」的想法，也是天經地義。

配合這種普羅大眾的煩惱應運而生的，就是可穿上街頭的運動鞋。過去的運動鞋就是運動時穿的鞋子。但如今，已進化出流行時髦、平日上街可穿的運動鞋。材質上，也只要選擇皮革或絨布等質料，就能營造出成熟大人的氛圍。此時在穿搭上，選擇T恤搭配丹寧褲的話，會休閒過頭，因此要搭配寬襬褲或窄裙，徹底著重在出成熟大人的優雅貴氣上。

疑難雜症 #07

由於脖子怕冷，看起來很不俐落修長

mistake
誇張過頭

before

貝雷帽
可是很保暖的。
想要保暖的話，
還是高領加上皮
草最好。
咚
!
再怎麼冷，也不用
穿到這麼誇張吧?!
原來是熊啊，我還
以為是大嬸呢！

大家的
疑難
雜症

Comment

常見 01 因為容易手腳冰冷，無法露出脖子和腳踝。

常見 02 每次趕流行，露出脖子、手腕或腳踝，
就一定感冒，百發百中（笑）。

常見 03 我想知道怎麼穿才能讓頸部保暖，又能顯瘦修身。

這是錯誤示範
順帶一提，這樣穿會變成摔角手安東尼奧・豬木，不可以唷。
將大尺寸的圍巾繞脖子兩圈打結，再將打結處挪向肩膀，就能輕鬆展現時髦感。
訣竅是挑選白色等的明亮色調
上衣_Deuxième Classe
褲子_Deuxième Classe
鞋子_Sergio Rossi
圍巾_Rakuten
上衣_UNIQLO
褲子_UNIQLO
鞋子_Daniella & GEMMA
圍巾_matti totti

after

選擇亮色系的披肩圍巾，瞬間容光煥發

和＃05的腳怕冷一樣，這次的疑難雜症也是因為「外露頸腕踝」的流行，而出現的現代新煩惱。無論再怎麼提倡露出鎖骨比較美，也總有人會反駁說：「太冷了，辦不到！」這樣的意見我們也十分認同。

那麼，這個問題該如何解決呢？我們有一個法寶，那就是能讓時髦感升級的圍巾。在暖烘烘的室內，就穿一件V領上衣，以展現窈窕美麗；等到外出時，再搭配上圍巾確實保暖。率性俐落地圍在脖子上的圍巾，隨著步伐搖曳生姿，讓妳霸氣外露，猶如電影女星般帥氣有型。

再者，圍巾有著豐富的顏色與款式設計，因此使用圍巾比疊穿上衣，更能成為周遭憧憬的「善用配件妝點穿搭的時髦咖」。

疑難雜症 #08

不想讓周圍覺得我「格格不入」

mistake 常見陋習

before

東京自由之丘那一帶，時髦貴婦隨處可見，但是相同的打扮，來到我們這種小地方，就會顯得格格不入。
沉重
所以穿這樣準沒錯。
這不叫「準沒錯」，這叫馬虎隨便……

大家的疑難雜症 Comment

常見 01 我不確定自己跟身旁的人比起來，是不是太浮誇了？

常見 02 我住在鄉下，時尚部落格介紹的造型，在這裡會變得格格不入。

常見 03 因為我的孩子還小，所以想知道家長會時，怎麼穿才不會格格不入。

深藍色和白色的組合，不分季節、不論年齡，就是惹人喜歡。

上衣_H&M
開襟衫_'PalinkA
褲子_ZARA
包包_JOURNAL STANDARD

第一眼看到時，最令人留下印象的並非款式或體型，而是顏色。

上衣_UNIQLO
裙子_**精品店**
鞋子_Daniella & GEMMA
圍巾_matti totti

after

利用深藍和白色的組合 輕輕鬆鬆留下好印象

讀者留言中「擔心格格不入的問題」意外常見。會有這種想法，真不愧是重視團體和諧的大「和」民族。而且，時尚可說是一種社會性的區別符號，當然更容易使人擔憂格格不入的問題，我完全可以理解。的確，任何場合都有最適合該場合的穿衣風格，在辦公室如此，參加家長會也是如此。

此處要給大家的建議就是，使用「深藍色」魔法。一直以來，深藍色是許多制服所使用的顏色，能給人清爽潔淨感，是製造好印象的經典不敗之色。只要將白色與深藍色的組合穿在身上，無論在任何情境中，都能瞬間融入，讓周圍的人對妳產生好感。

順帶一提，STYLE SNAP部落格也常將這魔法用在原田的穿搭上，因此深藍色特別常見。當妳拿不定主意時，別懷疑，儘管使出深藍魔法吧！

疑難雜症 #09

不想被看作裝年輕

mistake 裝年輕

before

這樣呢？
很夢幻
飄逸吧？
如何？青春洋溢吧？
人家會誤以爲我才二十幾歲。
那這樣如何？
簡直潮到出水！
我的媽啊！裝年輕裝到目不忍睹……

大家的疑難雜症 Comment

常見 01　在做流行打扮時，
我無法區分「裝年輕」和「顯得年輕」的分界線在哪。

常見 02　雖然想要看起來年輕，但又不想讓人覺得我是在裝年輕。

常見 03　最近已經變成拿「會不會讓人目不忍睹」
當成買衣服的判斷標準了（淚）。

無論是有圖案或用了亮色系的布料，只要是用於下裝，就不必擔心。
夾克_BARNYARDSTORM
上衣_Deuxième Classe
裙子_ELENDEEK
包包_FRAY I.D
鞋子_nano・universe

上衣是成熟大人色
有圖案的布料要以下裝呈現，看起來比較青春洋溢。
上衣_UNIQLO
褲子_GALLARDAGALANTE
包包_nano・universe
鞋子_FABIO RUSCONI

after

年輕感的元素 只要用於下裝就能完美融合

有時走在街上，會看到令人「目不忍睹」的熟女。身穿日本泡沫經濟時期、讓人曲線畢露的性感緊身洋裝，或腳踩年輕辣妹愛穿的厚底鞋……各色各樣的打扮都有，但每一種都教人尷尬得不敢直視。這些「目不忍睹」的打扮，似乎有一些共通點。首先，「露腿露太多」令人目不忍睹機率很高。早先，日本出現了一則社會新聞，一名六十幾歲的女性嫌疑犯，偽裝成三十幾歲。那名女性穿著熱褲出現在電視畫面裡，實在教人目不忍睹。其次的共通點是，上下身都穿著蓬鬆飄逸的粉色系服裝，大走甜美少女風。雖然喜歡甜美少女風的心情，我懂，但熟女就是駕馭不來。成熟大人想展現年輕感時，最好是上身選擇收縮色，下身加入流行元素。

疑難雜症 #10

以前的衣服穿起來不適合了

mistake
落後過時
before
因爲作工精緻，實在捨不得丟掉。
泡沫經濟時期的大衣，我一直小心翼翼地保留到現在。
咚！
版型已經今非昔比，直接拿出來穿，行不通吧？

大家的疑難雜症 Comment

常見01 一心想著「瘦下來就能穿了」，而將陳年舊衣小心翼翼保存到現在，無法斷捨離。

常見02 過去那些有肩墊的夾克和大衣，都是花大錢買的，實在丟不下手。

常見03 即使時過境遷，只要是昔日流行的衣服，就會用昔日流行的方式穿著，因為這樣比較不怕穿錯……

這件愛馬仕的背心，是30年前的老衣服。不沿襲過去的穿法，改搭配丹寧褲。

長版連身裙_RAZIEL
背心_HERMÈS
褲子_JOURNAL STANDARD
鞋子_Daniella & GEMMA

在古董衣店發現的外套。搭配上深色丹寧褲，就能將復古穿出摩登感。

外套_骨董衣
褲子_ZARA
包包_ZAKKA-BOX
鞋子_ZARA

after

只要造型搭配合宜
上好骨董衣也能重見光明

仔細想想，八〇年代、九〇年代的衣服，的確從材質到縫製，都是真材實料真功夫。有了這一層因素，讓許多人更是狠不下心，將昔日的舊衣處理掉。只好一直拿「或許哪天還有機會穿」「瘦下來應該就能穿了」的說法當藉口，留來留去留成「愁」。遺憾的是，那個「哪天」幾乎不可能來臨，原因就在於衣服本身的「版型」會隨著時代改變。

因此，當昔日舊衣怎麼穿都不好看時，妳完全沒有必要自責說：「都是因為我變胖了。」事實上，衣服款式設計的改變，程度遠超過妳的改變。老衣服沒有必要強留。

相信有些人即使如此，還是想穿老衣服。這時，不妨改走休閒風的穿搭，例如搭配牛仔單寧。只要造型搭配合宜，上好骨董衣也能浴火重生。各位不妨花點心思，為舊衣找到新出路。

COLUMN
#04
Party

正因是成熟大人，
才要以**冒險精神**參加派對。
設定Dress Code，擺脫日常的
一成不變，盡情瘋派對。

STYLE SNAP成員所屬的日本Photostyling協會，每隔幾年就會舉辦一次午餐派對。這是讓分布於日本各地，平日忙於工作、家事的成員們，齊聚一堂的重要時機。我們每次都會設定一個簡單的Dress Code（著裝要求），因此大家從幾個月前就會開始挑選衣服，這段挑選的時間也成了派對的附帶性樂趣。照片中的派對是以「成熟性感風」作爲Dress Code。當時，我們接到來自日本各地的一片哀號，大家異口同聲道：「絕對辦不到！」（笑）然而我們希望「能讓大家擺脫一成不變的日常生活，盡情享受這個特殊日子」，而抱著小小的玩心，不斷慫恿大家冒險一下。

當天，來自日本各地、非時尚圈的平凡女性們，多數都身著黑色禮服，在保守淑女風上點綴一絲小性感。結果看來看去，最性感（?!）的，可能就數一身迷你裙亮相，自稱「Blouson容子」的行政祕書原田吧?!（譯註：原田的全名爲原田容子，她模仿了2017年日本爆紅的女諧星Blouson知惠美。）

我是
Blouson 容子

創造一個「女人無論到了幾歲都能閃閃發光的社會」

我們每日不斷更新的部落格，只有一個目標。那就是創造一個「女人無論到了幾歲，都能一直閃閃發光的社會」。

為了撰寫此書，我將過去五年份的照片，都瀏覽了一遍，也因此看到了五年前的每位成員。一般來說，那些照片應該會讓我覺得：「好年輕！」「好想回到當年。」實際上卻正好相反，照片中的大家，看起來反而蒼老得教人難以置信（笑）。雖然年紀增加，但每個人都是現在比過去年輕減齡許多。這都要歸功於各位讀者對我們部落格的持續關注。**這五年來，我們心繫讀者，不斷摸索著「如何透過穿衣，讓熟女也能變身時尚佳人」，最後反倒是讓我們這群原本應該隨著年齡老化的成員們逆齡減齡**。STYLE SNAP部落格的經營之下受惠最深的，說不定正是我們自己。

epilogue

其中，我覺得「熟女體型代表人物」的行政祕書原田，真的變美了。她親自挑戰變身前照片的拍攝，接著又在變身後照片的拍攝中，立體化地呈現出前後的變化。原田能透過擺Pose，瞬間展現前後差異，這功夫實在了得。也由於她的努力，日本各地女性捎來的訊息中，有許多都在為她加油打氣，文字溫暖貼心。來自大家的每一段訊息，一定都成了鼓舞她的力量。由衷感謝各位的支持與回饋。

最後，我要特別感謝編輯榎本明日香女士，是她率先站出來說：「我絕對會以熟女體型代表人的身分，將它做成一本好書。」若沒有她踏實可靠的洞見，這本書恐怕無法成形。此外，設計師加藤京子女士、我妻美幸女士，也滿懷理想地表示「希望能創造出既時髦又帶些可愛感的新時代『婆媽形象』」，並與我們一路努力到最後。在此向各位致上我最深的謝意。

希望這本書能造福許許多多的人，
讓幸福如化雨春風般滿滿地灑落各位的心田。

二〇一八年初秋
Photostyling Japan 股份有限公司代表人
服飾戰略造型師　窪田千紘

攝影：大坪尚人(講談社寫真部)、南都礼子、Photostyling Japan
髮型化妝：青田真樹子、三輪昌子
PR協力：黑田 剛
編集協力：榎本明日香

特別鳴謝　我們的部落格中收到許多加油打氣的留言。
礙於篇幅只介紹了一小部分。衷心感謝各位的支持！

nyanyaco3545さん、ママ缶さん、puさん、Sさん、まめさん、ゆうこさん、assaさん、chocottoさん、ぶらぼさん、yukiko-1726さん、emmangoさん、ふぶきさん、ukikoaddさん、tamacon6002さん、まつかあさん、みーさんさん、なっちさん、うさみみさん、おみかんさん、たい焼きさん、audreyさん、Manmaさん、ぷひひさん、ｙｋさん、makiさん、タラコさん、megoonさん、harlockさん、あいママさん、おこめさん、macoさん、菊栄さん、navi-717さん、光野雫さん、堤防さん、ゆかっぺさん、古尾りか子さん、0405さん、yuukiさん、りんごさん、minasaboさん、2618234akiraさん、kororonnmamaさん、かっこ♪ラブラドール三姉妹のかあちゃんさん、Blueデイジーさん、めろでぃ♪さん、beniさん、きょんさん、おさるファミリーさん、ちょこぼさん、ゆんさん、キャリーさん、hannchocobiさん、ももさん、プラチナのスプーンさん、あらんさん、りんさん、1209kmkさん、にしんさん、karinさん、とげまるこさん、ねこにゃーさん、hirotasumamaさん、めぐりんさん、あびにゃんさん、nanananaanatsukoさん、yuisayamamaさん、little-stargezerさん、あちゅこさん、24holyさん、ひゃくもんさん、hana0203120511さん、kenkenさん、涼☆さん、chiko8419さん、ebizさん、まなつさん、猫背ねこさん、織ちゃさん、しのっちさんさん、akaさん、みーママさん、なみださん、tamellaさん、なおみん♪さん、tmkさん、はるさん、遊松さん、アンエグさん、ぽんそわさん、toiさん、masacoさん、mikiさん、にこやまさん、おーしゃんださん、YURIさん、MIさん、ひろをさん、さちさちさん、モエさん、ひなままさん、rilaさん、ささみさん、aya-koayaさん、mama-0501mama-0501さん、tomoさん、もすらよーこさん、hiiさん、ハイジさん、gatou-chocolatさん、tantanさん、takapiさん、AKKOさん、あつさん、みほさん、まみこさん、kobuchangさん、なみちこさん、★りつか☆さん、kaoru-071さん、Fuさん、フルールさん、えみこさん、yuchibouさん、ぱりすずめさん、doremo-rikaさん、めいこさん、たまきーさん、nyannkoさん、go-go-lapinさん、おみなえしさん、chiyokoさん、maynaanさん、もじゃさん、yuka♡さん、たるさん、エミさん、くじらっちさん、mamiさん、petitecuisineさん、でんでんさん、はるるんさん、ナビスケさん、スコさん、ラベンダーさん、みゆうさん、chie☆koedaさん、ゆぅ～か。さん、かなっちさん、とろろんさん、ルミナスさん、Pちゃんさん、KEIさん、はにわさん、ひとちゃんさん、よささん、ちゃこさん、akky46さん、たぬさん、KAMU-YIさん、tankoさん、マスカルポー…さん、雪乃 響さん、いたのぶさん、ヤノッチさん、＊YOSHIMI＊さん、pateraさん、2711さん、めっさんさん、鹿の子さん、elmoさん、nao丸さん、にょろさん、Mamiさん、ももこさん、めろさん、ミットさん、suzuさん、attaさん、ゴリゴリさん、☆七色☆さん、しゃのある…さん、おたさん、鉄子さん、ゆちちさん、panda-ha-kumasanさん、S&y20151020さん、芽依さん、たぬきさん、ひのこさん、hirotatasumamaさん、けおりさん、demidemidemi391さん、ぽんぽんさん、hitomiさん、アンさん、夕さん、roseさん、チャコ☆さん、nao.naoさん、ふららんさん、みほさん、mamageni1582さん、かほちさん、龍湖さん、その豆さん、kohamama2008さん、く～さん、ろるさん、かにかまフラ…さん、はづきさん、みらいさん、rincolorinさん、makikonkonkonさん、kaoriさん、mamaki777さん、ruru104904さん、かもめさん、Aneさん、♡け♡さん、manaturuさん、和日和さん、pinguさん、亜貴さん、よりみちさん、か～こさん、シュウさん、umatonoさん、りんこさん、ジェジュさん、moonさん、junkom0618さん、とんちゃんさん、JBさん、オミさん、梅子さん、10623mikaさん、naoさん、ふわりさん、佐野小町さん、ようままさん、逆大人体型さん、hiroさん、ごはんさん、ユキさん、あにゃさん、nemyuiさん、ともみさん、あぁこさん、コウメさん、幸柳恭子さん、あみあみさん、ぱうちゃんさん……等等，感謝關注我們部落格的各位讀者！

※本書中介紹的商品，皆是私人物件。

討論區 039

穿衣顯瘦：
一分鐘從飄大嬸味變身時尚佳人

填回函雙重禮
①立即送購書優惠券
②抽獎小禮物

作者｜窪田千紘
翻譯｜李瓊祺
出版者｜大田出版有限公司
台北市一〇四四五中山北路二段二十六巷二號二樓
E-mail｜titan3@ms22.hinet.net http://www.titan3.com.tw
編輯部專線｜（02）25621383 傳真：（02）25818761
總編輯｜莊培園
副總編輯｜蔡鳳儀
行銷編輯｜陳映璇
校對｜黃薇霓／李瓊祺
初刷｜二〇一九年十二月一日 定價：三二〇元
總經銷｜知己圖書股份有限公司
台北｜一〇六台北市大安區辛亥路一段三十號九樓
TEL：02-23672044／23672047 FAX：02-23635741
台中｜四〇七台中市西屯區工業三十路一號一樓
TEL：04-23595819 FAX：04-23595493
E-mail｜service@morningstar.com.tw
網路書店｜http://www.morningstar.com.tw
讀者專線｜04-23595819 # 230
郵政劃撥｜15060393（知己圖書股份有限公司）
印刷｜上好印刷股份有限公司
國際書碼｜978-986-179-582-9 CIP：423.23/108016081

國家圖書館出版品預行編目資料

穿衣顯瘦／窪田千紘著；李瓊祺譯.
——初版——臺北市：大田，2019.12
面；公分.——（討論區；039）
ISBN 978-986-179-582-9（平裝）

423.23 108016081

《OTONA TAIKEI NO「KIREI」O HIKIDASU
KIKONASHI NO SAKUSEN》
© CHIHIRO KUBOTA 2018
All rights reserved.
Original Japanese edition published by KODANSHA LTD.
Traditional Chinese publishing rights arranged with
KODANSHA LTD.
through Future View Technology Ltd.

本書由日本講談社正式授權，版權所有，未經日本講談社書面同意，不得以任何方式作全面或局部翻印、仿製或轉載。

版權所有 翻印必究
如有破損或裝訂錯誤，請寄回本公司更換
法律顧問：陳思成